北京师范大学
哲学社会科学研究
数据资源建设与政策咨询
项目结项报告

《哲学与文化》丛书 ┃ 江怡 主编

中国公民价值观调查研究报告

——"生态观"的现状与问题

刘夏蓓　张曙光　著

中国社会科学出版社

图书在版编目(CIP)数据

中国公民价值观调查研究报告：生态观的现状与问题 / 刘夏蓓，张曙光著 . —北京：中国社会科学出版社，2014.6

(《哲学与文化》丛书 / 江怡主编)

ISBN 978-7-5161-4439-8

Ⅰ.①中…　Ⅱ.①刘…②张…　Ⅲ.①生态伦理学—研究报告—中国　Ⅳ.①B82-058

中国版本图书馆 CIP 数据核字(2014)第 138693 号

出 版 人	赵剑英
责任编辑	孙　萍
责任校对	董晓月
责任印制	张雪娇

出　　版	中国社会科学出版社
社　　址	北京鼓楼西大街甲 158 号
邮　　编	100720
网　　址	http://www.csspw.cn
发 行 部	010-84083685
门 市 部	010-84029450
经　　销	新华书店及其他书店

印　　刷	北京君升印刷有限公司
装　　订	廊坊市广阳区广增装订厂
版　　次	2014 年 6 月第 1 版
印　　次	2014 年 6 月第 1 次印刷

开　　本	710×1000　1/16
印　　张	13.25
插　　页	2
字　　数	190 千字
定　　价	45.00 元

凡购买中国社会科学出版社图书,如有质量问题请与本社联系调换
电话:010-84083683

总序：从文化自觉到哲学自觉

江　怡

中华民族正处于一个重要的历史转折时期，中华文化的复兴被看作时代赋予我们的历史使命。在这个重要历史时刻，我们能否抓住机遇，在历史文化的厚重积淀中寻找自己的定位，在传承文化的历史使命中创新自己的观念，在时代文化的多样变化中构建自己的特色，这些都是我们面临的重大历史挑战。把握好这个历史机遇，回应重要的时代挑战，不仅需要我们充分的知识准备，更需要我们的思想智慧。

当今中国的文化发展已经向我们表明，文化自觉的树立正在极大地推进着我们的社会发展，文化自觉的结果将改变当今中国的文化形象。我们知道，这里的文化自觉首先是指对自身文化的强烈认同，是自身文化意识的提升，也是社会大众对文化发展的迫切要求。思想上的认同并不等同于行动上的一致。只有当我们充分认识到文化认同的重要性，并努力从行动上体现我们的文化认同时，我们才能达到真正的文化自觉。文化自觉更是指思想上的自觉，是我们在思想上真正形成对自身文化性质的理解，特别是对当今世界文化发展转型过程中的不同文化形态的认识，最后构建我们自身文化的特殊性和普遍性。这里的特殊性是指，中国传统文化的深刻影响已经体现在当今中国人的生活方式和思维方式上，因此，如何在当今世界文化格局中体现中国文化的特殊性，决定了中国文化的时代效应。这里的普遍性是指，中国文化的特殊性必须得到世界各国不同文化的理解，因此，这样的特殊性就必须以具有普遍意义的表达形式加以体现。只有在能够为世界各国文化理解和交流的基础上，我们的文化才能真正进入"自在自为"的阶段。然而，要做到文化的这种自觉，我们必须抓住文化的核心和精髓，这就是时代的哲学思想。确立文化自觉的关键，应当是做到整个民族在哲学上的自觉。

　　中华民族富有哲学思维的传统，中华文化蕴含深邃的哲学思想。无论是《论语》、《道德经》，还是《中庸》、《大学》，这些代表着中华民族智慧的论著都充分展现了中华文化的哲学思维特征，这种特征表现为思想行动以个人认识为前提，观念形成以经验活动为前提。虽然中国哲学学科的自觉意识产生于西方哲学传入之后，但中国人的思维方式却始终是哲学式的。中国人的智慧具有这样两个特点：第一，中国人善于从身边的具体事项中发现具有普遍意义的道理，并总是试图用这些道理去理解其他相关或相近的事项，由此完成对事项的理解。在这种意义上，中国人的思维方式更关注的是事情的过程，而不是在这个过程中呈现出的事物本身。第二，中国人对事物的理解更多的是从关系出发，更多地关注自己周遭生活环境中的人和事，更多地考虑如何从各种关系中确立自己的位置。在这种意义上，中国人的思维方式就更重视整体和全局，而不是个体和局部。由此可见，中国人的思维特征和智慧特点之间存在着一种相互对应：个人认识活动是以在身边所发生的事情为根据和出发点的，因此，中国人的思维具有经验归纳的特征；而经验活动本身又是为了更好地认识整体和全局，所以，中国人的思维又具有抽象普遍的意义。

　　然而，令人遗憾的是，中国人的这种思维方式并非出自我们的自觉意识，而是对前人长期生活实践的经验总结，是对中国传统思想表达的提炼升华。虽然我们一再强调中国人思维方式的特殊性和普遍性，但是这种强调却是建立在我们理解了不同于我们思维方式的西方哲学的基础之上，是我们通过不同哲学之间比较的结果。哲学思维方式的差异给我们带来了对我们自身哲学的重新认识，甚至是对自身哲学思维方式的重新定位，激发了我们全面理解自身哲学的浓厚兴趣。正是在这种思想背景中，我们开始形成对自身思维方式的自觉。

　　首先，哲学的自觉意味着我们对思想的主动认识。黑格尔说："人之所以比禽兽高尚的地方，在于他有思想。由此看来，人的一切文化之所以是人的文化，乃是由于思想在里面活动并曾经活动……唯有当思想不去追寻别的东西而只是以它自己——也就是最高尚的东西——为思考的对象时，即当它寻求并发现它自身时，那才是它的最优秀的活动。"① 思想正是在成为自己的对象的时候，哲学由此产生。因此，哲学的自觉本身就意味着思想。这里的思想并非完全是对具体事物的认识活动，或者是对事物发展演变的规律性理解，而是以概念的方式对我们认识活动内容的抽象概括，是对事物发展规律的概念化表达。这种思维方式就要求思想以概念的方式形成对我们所认识的思想内容的表达和构造，也是对我们思想本身的概念规定。纵观我们目前的哲学思维，我们缺少的似乎正是这种对思想的主动认识。我们比较容易满足于对事物表象的理解，比较容易接受从经验中得到的知性认识，而不太愿意从概念的层面把握事物的根本性质。真正的思想应当能够在事物之上确立把握事物的基本原则，能够在经验之先具备理解经验的基本能力。正如黑格尔所说："真正的思想和科学的洞见，只有通过概念所做的劳动才能获得。只有概念才能产生知识的普遍性，而所产生出来的这种知识的普遍性，一方面，既不带有普通常识所有的那种常见的不确定性和贫乏性，而是形成了的和完满的知识，另一方面，又不是因天才的懒惰和自负而趋于败坏的理性天赋所具有的那种不常见的普遍性，而是已经发展到本来形式的真理，这种真理能够成为一切自觉的理性的财产。"②

---

　　① 黑格尔：《哲学史讲演录》第1卷，贺麟、王太庆译，商务印书馆1983年版，第10页。
　　② 黑格尔：《精神现象学》上卷，贺麟、王玖兴译，商务印书馆1983年版，第48页。

　　其次，哲学的自觉在于我们能够形成对事物的整体理解，能够从较高层面把握事物发展的基本态势。马克思说："理论只要说服人，就能掌握群众。而理论只要彻底，就能说服人。所谓彻底，就是抓住事物的根本。"① 这种彻底不仅表现在理论本身能够自圆其说，更重要的是理论能够把握整体，能够从宏观上对事物有完整的理解。而且，这样的理论还要在实践中得到检验，由此表明理论在实践中的彻底性。显然，这种哲学的自觉就要求我们必须认清历史的发展脉络，使理论具有前瞻性和预见性，而这种前瞻和预见正是彻底的理论自身具备的本质特征。经验主义的方法只会使我们裹足不前，完全从经验出发就会使我们"只见树木不见森林"。只有当我们真正形成了对事物的整体理解，只有当我们可以从宏观上把握事物的发展规律，我们才能从哲学的高度解释我们在经验中面对的各种现象，才能在事物的各种变化中把握事物的发展脉络。

　　再次，哲学的自觉还表现为对理论思维的自觉培养，表现为对以往哲学史的学习和理解。恩格斯说："理论思维无非是才能方面的一种生来就有的素质。这种才能需要发展和培养，而为了进行这种培养，除了学习以往的哲学，直到现在还没有别的办法。"② 他指出，每个时代的理论思维都是那个时代的历史产物，它在不同的时代具有不同的内容和不同的形式。因此，只有通过对不同时代的理论思维的学习理解，我们才能提升自己的理论思维能力。这里的理论思维能力主要包括两个部分，一个是科学思维能力，另一个是哲学思维能力。科学思维能力帮助我们对以往历史中出现的各种科学假说和科学思想形成恰当的判断，有助于我们认清我们这个时代的科学理论和思想的创新程度。但科学思维能力仅仅停留在或者说只能在对经验现象的表层理解，即使是对经验现象的科学解释也不

① 马克思：《黑格尔法哲学批判导言》，《马克思恩格斯选集》第 1 卷，人民出版社 1995 年版，第 9 页。
② 恩格斯：《自然辩证法》，《马克思恩格斯选集》第 4 卷，人民出版社 1995 年版，第 284 页。

过是采用了逻辑的方法，对这些现象重新分类而已。而哲学思维能力则对我们的思维提出了更高的要求，它要求我们必须能够超越经验现象，通过对各种现象表面的理解达到对现象背后本质的把握。这就需要我们首先了解以往哲学史上所出现的各种理论观念，在历史的脉络中寻找我们这个时代出现的各种所谓新观念的历史踪迹。同时，这还需要我们具备超越历史和经验本身的抽象能力，能够从历史和经验中剥茧抽丝，形成我们自己的理论观念，用于解释我们当代的现实问题，并提出对这些问题的解决方案。

最后，哲学的自觉更表现为对辩证法的自觉运用，表现为对"绝对真理"的放弃和对现实实践活动的最终关注。按照黑格尔的概念辩证法，思想的运动不过是绝对精神在人类思维中的变化过程。虽然这样的辩证法是以概念和现实存在的颠倒关系为前提的，但其中有一个重要思想却是我们必须牢记的，这就是说，只有当我们能够按照思维自身运动的方式理解事物的发展，也就是当我们能够自觉地运用思维的辩证法的时候，我们才能真正理解思维活动如何与现实存在之间产生矛盾和冲突，也才能真正理解为什么我们必须把思维活动的最后结果放到现实的实践活动中加以检验。这就意味着，辩证法不仅运用于思维活动本身，更运用于我们在现实的实践活动中。用辩证的方式观察事物，解释现象，提出观念，形成理论，这些就是哲学的自觉表现。

从文化的自觉到哲学的自觉，这体现了我们对自身文化的更深层理解，是我们对自身文化的负责态度。仅仅停留在文化自觉的层面，我们还只能从自身文化的特殊性上把握思想的力量，只能依靠我们对自身文化的理解体会不同文化之间的差别。而哲学的自觉则帮助我们从概念的层次上理解思想的构成和变化，从思想自身的发展中把握观念的历史作用。从更广泛的当今世界文化的视野看，能够做到哲学自觉，才会使我们的文化自觉变成具有普遍意义的行动，才会使我们自身的文化特征得到广泛的认同和理解。

本套丛书冠名《哲学与文化》，正是基于以上的考虑，因为文化是哲学的外在体现，而哲学则是文化的内在精神。我们将在本丛书中陆续出版在国内具有影响力的哲学学者以及其他学科学者的最新著作，充分反映国内学者们在哲学与文化领域中的独特思考。

本丛书得到国家"985工程"人文社会科学创新基地"价值观与民族精神"的大力资助，特此感谢！

目　录

第一章　导言 ·· （1）

一　研究目的、意义与内容 ···································· （2）

二　课题调查研究概况 ·· （11）

三　调查样本的基本构成、特征与代表性分析 ·········· （18）

第二章　系列专题报告 ·· （31）

第一篇　经济与生态 ·· （31）

（一）本篇导言 ·· （31）

（二）本篇数据分析 ·· （32）

（三）经济生态价值观的构成与主要观点 ············ （43）

（四）结论：强调社会责任的经济生态观 ············ （56）

第二篇　政治与生态 ·· （58）

（一）本篇导言 ·· （58）

（二）本篇数据分析 ·· （59）

（三）政治生态观的结构与内容 ························ （66）

（四）结论：追求公平的政治生态观 ·················· （74）

第三篇　文化与生态 ·· （75）

（一）本篇导言 ·· （75）

（二）本篇数据分析 ·· （76）

（三）文化生态观的构成与主要内容 ·················· （86）

（四）结论：多元并存的文化生态观 ·················· （99）

第四篇　生活与生态 ·· （101）

（一）本篇导言 ·· （101）

　　（二）本篇数据分析 …………………………………………（101）

　　（三）生活生态观的构成与主要内容 ………………………（112）

　　（四）结论：有限公共性的生活生态观 ……………………（121）

第五篇　生存与生态 ……………………………………………（122）

　　（一）本篇导言 ……………………………………………（122）

　　（二）本篇数据分析 ………………………………………（123）

　　（三）生存生态观的结构与内容 …………………………（133）

　　（四）结论：遵循自然规律的生存生态观 ………………（156）

第六篇　发展与生态 ……………………………………………（157）

　　（一）本篇导言 ……………………………………………（157）

　　（二）本篇数据分析 ………………………………………（159）

　　（三）生态与社会发展观念（发展观）的构成与主要

　　　　内容 …………………………………………………（163）

　　（四）结论：可持续的发展生态观 ………………………（169）

第三章　中国公民的生态价值理想与政策建议 …………（176）

　一　被调查"中国公民"的群体特征 ………………………（176）

　二　中国公民的生态价值观的整体特点与价值理想 ……（176）

　　（一）中国公民生态价值观的整体特点 ………………（176）

　　（二）中国公民的生态价值理想 ………………………（185）

　三　政策建议与反思 ………………………………………（187）

附录1：生态价值观问卷 ………………………………………（190）

附录2：生态价值观访谈提纲 …………………………………（200）

第一章 导言

从历史上看，人类的价值观中一向或显或隐地包含或涉及自然观。进入现代以来，随着人类在整个地球上活动力度的日益增强，人类生存在其中的自然环境，除了随着大自然变化的节律变化之外，越来越受到人类活动的干预和影响，生态问题从整个大自然中凸显出来，并直接地作用于人类的生产和生活，人们过去普泛的自然观也逐渐转化为外延和内涵相对确定的生态观。生态观已经成为现代价值观的一个极其重要的组成部分，反映并体现着现代人的生活方式、生活态度和精神文明，引导着他们的活动取向和价值选择，并最终指向人类自身在地球上生存的自由度、品质甚至安全性。

处于社会转型时期的中国人的生态观，有着不同于西方发达国家的特点，直接影响着我们的现代化建设，影响着我们的生态环境和可持续发展问题，需要认真地反思。今天，无论是执政党，还是普通民众，都越来越重视环境和生态问题，中国共产党十八大报告提出"把生态文明建设放在突出位置，融入经济建设、政治建设、文化建设、社会建设各方面和全过程，努力建设美丽中国，实现中华民族永续发展"，展示了中华民族建设美好家园的愿景，对中国当前以及未来的社会发展提出了更高的要求和目标。如实地了解当今中国人的生态观，正是切实实现这一要求和目标的重要条件，我们这一关于中国公民"'生态观'的现状与问题"的调查研究报告，就是在这方面所做的工作。

一　研究目的、意义与内容

1. 生态与生态系统

生态是许多学科的研究对象，每个学科从自己的专业角度出发，赋予它不同的含义和内容，因此，它也就有了不同的定义。在自然科学中，生态指生物群落及其地理环境相互作用的自然系统，由无机环境生物的生产者（绿色植物）、消费者（草食动物和肉食动物）和分解者（腐生微生物）三个部分组成。生态系统是位于地球表层这一特定环境内的所有生物和该环境的统称。[①]

在具体的自然科学不同学科中，对生态系统构成元素的认识又各不相同。例如，在生物地理学中，生态系统被认为是一定空间范围内，所有生物因子和非生物因子，通过能量流动和物质循环过程形成彼此关联、相互作用的统一整体[②]。在昆虫学下的二级学科昆虫生态学中加入了对微生物的关注，生态系统被定义为在一定空间范围内，植物、动物、真菌、微生物群落与其非生命环境，通过能量流动和物质循环而形成的相互作用、相互依存的动态复合体[③]。

在社会科学中，生态往往被认为是人与自然共同构成的整体系统，并强调"人工生态系统"在自然生态系统中的地位和作用。同样，在社会科学的各个学科中生态构成要素也不相同。例如，在人类学的分支学科生态人类学中，就将，人类与环境之间的复杂关系所构成的关系系统称为生态系统，从此角度出发，认为生态就是人及人所创造的文化与自然环境共同构成的、具有竞争性的对立统一关系。与自然科学的生态定义相比较，人类学的生态定义最突出的特点是将人所创造的异于自然的物质、制度和精神文化，以及人

[①]　陈国强主编：《文化人类学词典》，台湾恩凯股份有限公司2002年版。

[②]　［英］穆尔考克斯著，赵铁桥译，《生物地理学——生态和进化的途径（第7版）》，高等教育出版社，2007年4月。

[③]　沈佐锐著，《昆虫生态及害虫防治的生态学原理》，中国农业大学出版社，2009年7月。

在利用和改造自然的过程中所建立的"人工生态系统"置于其中，进而提出了"文化生态"的概念及其在生态中的重要意义，这种"'文化核'① 与环境共同构成的系统"的生态概念，既异于自然科学突出人类生物属性的特征，又在社会科学中颇具代表性。

综上所述，我们认为，生态这一概念的构成具有四个不可缺少的要素：第一，生态是位于地球表层的以生物为其高级表现形态的一个整体、一个系统；第二，在这个整体系统中，所有因素相互依存、相互作用；第三，生态具有一定的空间存在形式；第四，人类作为生态中的一种特殊生物，是构成生态系统的重要部分并发挥着相对主导的作用，其与生态系统中的其他部分构成有益的生存对立竞争关系，在利用和改造自然的过程中建立起来的"人工生态系统"在整个生态系统中居于重要的地位。

2. 生态观与生态观念

生态观是人类关于包括人类社会在内的生态系统运动规律的基本认识和基本观点。人类对于自己与自然环境关系的认识可以直接作用于生态系统、影响生态系统，其关系着人类的生存与发展。简单来说，"生态观"包含了人类对人与自然关系的认识所构成的价值观念体系，大致由人类对自身生物属性的认识和人类对自身与自然界关系的认识两部分构成。其中，人类对自身生物属性的认识包括：人类对自身在自然界中地位的认识；对自身发展"进化"的认识；对自身进化与自然环境间互动关系的认识等。人类对自身与自然界关系的认识则包括：人类之于自然的权利、责任和义务；自然环境在人类谋求发展进步观念中的地位；自然与人类进步的关系等。

这些基本观点建立在对生态发展规律及对人类自身认识的基础之上。生态观主要包括三个方面的内容，即对生态与环境复杂运动变化规律的认识、对生态系统的整体运动规律的认识以及人类在全球生态系统中的地位和作用的认识。由此看来生态观也就是人类对

① 由雷得菲尔德提出，指"同生存活动、经济格局最紧密关联诸特性的集合体"（Steward，1955：37）。

自己所生活的世界及变化规律、自身在生态系统中的位置，以及对自身与系统中其他要素关系的认识、态度和价值判断。生态观对人类认识和改造自然具有指导作用。经学界归纳，目前生态观大致可以分为以下三类，即广义生态系统观、基础观、相交观。

广义生态系统观的核心是将整个地球，乃至宇宙，都看作一个生态系统，人类社会只是其中的一个子系统，是生态系统中的一个单元，从生物学和生态学的角度看，人类社会这个单元与其他单元没有什么本质的不同，唯一的区别就是"人"具有自我意识和自主行动的能力，能够认识自己生存的环境和自己本身，并按照自己的意图去干扰、改变这个系统。但是，作为生态系统中的一个子系统，人类社会并不能超越生态学发展规律的制约，其对生态系统的干扰和改变也不能超越生态规律的制约。① 广义生态系统观又可以分为激进生态观和系统生态观两个层次。其中，激进生态观认为，世间万物像人一样，都有天赋的不可侵犯的"权利"，不可因为人类社会的需要而被施加负面干扰及破坏。

"基础"生态观是目前的主流生态观，也是当代大多数人所持观点，与广义系统生态观不同，此观点认为，生态系统只是人类社会赖以生存的基础，人类社会并不直接属于生态系统，人类系统是能够超越生态学规律的一个系统。因为人类在其发展过程中，可以主动按照生态学的规律，对生态系统施加正面或非负面的干扰，而其他生物却不能。因此，人类具有超越生态、驾驭生态的能力。② 同时，基础生态观也指出，人类社会虽不直接属于生态系统，却不能脱离生态系统而存在，由于二者的紧密关联，使人类社会的经济发展必须遵从生态发展规律，不能以破坏生态环境来换取经济发展。

"相交"生态观则进一步指出，人类社会与生态系统是相对独立的两个系统，其相交或公共的部分是人工生态系统，如农田、茶

---

① 张国庆，《生态论概述》，安徽省潜山县林业局，2012年。
② 同上。

园等。人具有干扰生态系统能动性，可以按照自身意图和自然规律对生态系统实施干扰，来实现自己的目标。

随着现代科学与生态学的不断发展，人类的生态观从生物个体的、种群的、群落的生态观过渡到了系统论的生态观，越来越多的人将人类视为生态环境的一部分。人类在古代，往往把许多自然现象神秘化、神圣化，对上帝或神灵的崇拜，也是对自然的崇拜，人类有意无意地匍匐于自然力量面前，并通过信仰顺应与支配自然力。但即使在那时，人类也开始意识到自己在自然界中能动的甚至某种主导性的作用。如在基督教的"创世记"中，人类高于大地上的万物，是大地的看护者；在中国传统文化中，人是天地万物中唯一的"灵长"，能够"参天地，赞化育"。欧洲文艺复兴以来，人类不再匍匐于原始图腾之下，也不再把自然当作神秘和神圣的偶像崇拜，而是采取自然科学的观点，将其视为处于自然演化中的自然物质形态，是人类生产和生活所需要资源的渊薮，因而也是人类开发、改造和利用的对象。一方面，人类的确从自然中获得了一定的自由，大大地提升和改变了自己的生活；但另一方面，人们又陷入科学主义的崇拜之中，在科学、进步的旗帜下，人类把自然当作"征服"的对象，使自己凌驾于自然环境之上，结果，导致人与自然之间的关系日趋紧张，最终使人类受到自然的报复。这既是人类所面对的共同问题，也使人类的生态观具有了"普适意义"。

20世纪60年代以来，生态学研究的重点由以生物界为中心转向了以人类社会为中心，从而，呈现出了自然科学与社会科学、生态学与社会学愈益紧密结合的发展趋势，在此基础上，人类逐步建立了社会经济范畴的生态经济观、社会伦理道德范畴的生态伦理观、社会法律范畴的生态法学观、社会政治范畴的生态政治观、哲学理论意义的生态哲学观及生态美学观等一系列全新的整体生态观念。人类的生态观念从系统化、专门化、知识化等方面来看逐渐地丰富、多元和系统，其作为价值观的重要组成部分，对人类社会的发展特别是可持续发展，有着越来越举足轻重和无可替代的影响与作用。

　　3. 生态观与可持续发展

　　可持续发展观是在现代性所主导的发展观四面楚歌之下的人类整体的反思结果。20世纪以来，人类面临着环境危机、资源危机、气候问题等构成的危机严重地威胁着人类的生存与发展。随着工业文明的发展，人与自然的关系逐渐对立，特别是20世纪50年代以来，世界经济的盲目增长，更使人类与自然的矛盾日益激化，使更多的人意识到增长带给人们优越物质生活的同时，潜在的危机正在愈演愈烈。不久以前，位于南太平洋的图瓦卢岛还是个风景如画的"世外桃源"，如今，那里的国民正面临灭顶之灾①，由于温室气体导致海平面不断上升，这里正在逐渐沉入海中，气候变化带给人类的威胁从未曾像今天这样近在咫尺、触目惊心。

　　1972年，"罗马俱乐"部②发表了限制增长的研究报告（中文译为《增长的极限》）③，它提醒人们如果继续50年代以来的增长模式，世界将要面临一场崩溃性的灾难。1972年6月，113个国家和地区的1200名代表在斯德哥尔摩举行了史上第一届人类环境会议。会议通过了《人类环境宣言》，这是人类追求可持续发展的尝试，也是迈向可持续发展的第一个里程碑。《人类环境宣言》指出，现在已达到历史上这样一个时刻：即我们在决定世界各地行动的时候，必须更加谨慎地考虑它们对环境产生的后果。由于无知或不关心，我们给我们的生活和幸福所依靠的地球环境造成巨大的无法挽回的损害。为了这一代和将来的世世代代，保护和改善人类环境已经成为人类的一个最为紧迫的目标④。《人类环境行动计划》

---

　　① 杨教、丁峰：《灭顶之灾一个国家发出了"讣告"》，《北京青年报》，2001年11月23日。

　　② http：//www. clubofome. org、pp. 324.

　　③ ［美］德内拉·梅多斯、乔根·兰德斯、丹尼斯·梅多斯著，李涛，王智勇译，《增长的极限》机械工业出版社，2013年版。

　　④ 中国网，http：//www. china. com. cn/chinese /huanjing/320178. htm，2003年，4月。

对各国环境合作作出了具有可操作性的规定。《只有一个地球》则进一步指出："人类多种活动同地球能量系统的总规模比起来虽然微乎其微，然而却可以像稍稍移动跷跷板的支点那样使之失去平衡，造成致命的危害。"

1987 年，联合国世界环境与发展委员会主席、挪威首相布伦特兰夫人，在《我们共同的未来》的报告中，首次将"可持续发展"定义为"既满足当代人的需要，又不对后代人满足需要的能力构成危害"的发展，经过之后 20 年的争论与反思，这一定义逐渐被广泛接受，并在 1992 年联合国环境与发展大会上达成共识，通过了《里约宣言》和《21 世纪议程》等重要文件，敦促各国政府承诺为促进可持续发展而共同行动。届此，可持续发展观最终获得世界各国政府的认可。目前，关注与保护自然环境已经成为世界大多数国家的共识。尽管各国目的不同，利益不同，但均已将实现低碳环保作为目标。日本目前正致力于发展低碳技术；德国环保技术产业有望在 2020 年赶超传统制造业，成为该国主导产业；美国亦投入巨额资金研发从生物燃料、太阳能设备到二氧化碳零排放发电厂等环保技术；英国也提出到 2050 年建成低碳经济社会……按照《京都议定书》[①] 规定，中国作为发展中国家虽然没有承诺温室气体减排的义务，但作为一个负责任的大国，转变经济增长模式和社会消费模式，实现低碳发展也是必然之路。我国已承诺在 2020年单位国内生产总值一氧化碳排放量将比 2005 年下降 40%—45%，虽然这种承诺不具有国际条约的约束力，或者说，这种承诺只是一种态度或策略，但是，这一态度与我国的经济发展取向和产业结构调整的发展远景是一致的，是与中国的发展目标趋同的，也是与中国人的福祉密切相关的。因此，对于中国来说，要想发展，必须做出选择，即选择一条低碳环保的发展之路。

长期以来，由于农业大国的历史，发达的地方性民间信仰，使

---

① 新华网：《京都议定书》，http://hews.xinhuanet.com/ziliao/2002 - 09/03/content - 548525. htm。

我国的传统文化中人与自然的关系占有突出的地位，"万物有灵"、"（自然）图腾崇拜"、"天人合一"曾是我国传统生态价值观念的主要内涵与思想基础，历史上也出现了像都江堰这样"无坝引水"、千年不衰，至今仍然灌溉着农田，造福一方百姓的"环保"水利工程，其集中体现了我国传统思想文化重视对自然规律的遵循、与自然和睦相处的生态价值观。近百年以来，随着我国社会步入工业化时代，昔日赏心悦目的自然美景已然变成了工业能源，昔日令人敬畏的神山圣水也变成了可利用的资源。特别是改革开放以来，中国地区向现代化社会的转型成为中国人自觉的选择，成为不可逆转的历史潮流。社会转型导致的社会分化，使中国人的价值观变得世俗化和多元化，人们关于自然的价值信念和价值态度也发生了很大的变化。随着生产力的发展和工农业的现代化，人们在大幅度提高对自然界的控制力、实现大量自然资源能量转化的同时，也付出了高昂的环境代价。

作为后发展的大国和经济体，我们付出的有些代价，属于不可逆的环境破坏。据统计，我国冬季有 57 个城市的飘尘超标，而超标 3 倍以上的有 28 个，目前，我国二氧化硫的年排放量已达 1500 万吨。城市的大气污染，致使人们在冬季的患病率与死亡率显著增加。从水体质量来看，地下水硬度增高，水位下降。地表水被污染、水资源紧张，早已成为大城市具有的普遍现象，它严重影响着人们的生活质量和生产发展。我国的湖北江汉湖群，素有千湖之称，现在湖群却已由原来的 1000 多个减少到 300 多个，而有着"长江之肾"称号的鄱阳湖缺水也已经成为常态，极端缺水时湖水面积只有以往的 1/20。长江上游地区因植被受到破坏，引起严重的水土流失，每年冲入长江的泥沙达 6 亿多吨，长江已经成为第二条"黄河"。按照目前发展模式的发展速度，就 GDP 而言，每年的发展目标下限为 8%，而我们的资源仅能支持 4%，并且很多资源已经被过度开发，中国人要普遍达到欧美发达国家的生活水平，所需要的资源在国内已无法充分获得。可以说，当前的我国，人与环境的矛盾关系从未像今天这样尖锐、这样危机重重。可持续发展问题也从未像今天这样成为我国的当务之急。

我们倡导的可持续发展是"不断提高人群生活质量和环境承载能力的、满足当代人需求又不损害子孙后代满足其需求能力的、满足一个地区或一个国家人群需求又不损害别的地区或国家人群满足其需求能力的发展"①，而要达到这样的发展目标，需要全人类合作，共同采取有效的行动，才可扭转工业化带给环境的致命破坏。而功利的利润观念，破坏着人们的长远利益，不仅阻碍社会经济发展，还将过往的经济发展成果迅速消耗殆尽。如何在快速工业化进程中迎接"后京都时代"、"后哥本哈根时代"以及"塞班会议"的挑战，如何转变经济增长模式，早已是中国政府的工作重点之一，中国政府已经意识到了环境保护问题关乎国家的可持续发展，从"十一五"开始，就加大了经济转型的力度，强势扭转中国经济的发展模式和产业格局，探索真正意义的可持续发展之路。为此，中国政府制定了相关法律，并在国家经济发展计划中制定了节能减排指标并强制实施。"十一五"期间，国家实施了十大节能工程，开展了千家企业节能行动等。从 2006 年到 2008 年，单位 GDP 能源强度下降了 10.1%，扭转了高排放的上升趋势。但是，来自环保部的处罚也显示，电厂等不正常运行脱硫装置、不正常使用自动监控系统、监测和 DCS 数据弄虚作假、二氧化硫超标排放等行为的不断发生，似乎正在抵消政府努力取得的环保成果。

来自自然界的惩罚和对自身生活方式的反思，使人们越来越深切地认识到生态环境之于人类生存、人类社会的重要意义，这是一个具有普适意义的世界性问题，也是人类的普适价值之一。多年的社会实践证明，环境质量的好坏直接关系到整个人类的生存。

研究表明，思想观念对人的行为和创立制度具有决定性的作

---

① 中国科学院持续发展战略研究组，《2014 中国可持续发展战略报告——创建生态文明的制度体系》，科学出版社 2014 年版。

用，不同的发展观念可以左右社会能否做到可持续发展。著名社会学家马克斯·韦伯在研究了众多国家的宗教和信仰后得出一个结论，即观念在决定人类行为和制度中起着奠基和引领的作用。韦伯在《新教伦理与资本主义精神》①一书中指出，如今西方的资本主义制度是源于一个观念的奠基和指导，这就是新教伦理，即基督教的伦理观念。公元1517年，神圣罗马帝国的马丁·路德提出了九十五条论纲，开启了16—17世纪的欧洲宗教改革运动，通过马丁·路德、加尔文等人对天主教教义的改革，建立了基督教，动摇了天主教会"上帝代言人"的地位。新教宣称，教皇与普通信教者一样在上帝面前是平等的，教皇无权赦免人们的罪恶，人们是否得到上帝的庇佑，成为上帝的选民，在于信仰者自身对上帝信仰的忠诚度，即信仰得救，而上帝庇护的选民就会受到上帝的感召而表现为有坚定的信念、较强的自信、个人奋斗成功、家庭幸福。这一套新教伦理与宗教改革前的天主教不同，倡导个人奋斗、信仰得救的同时，强调世俗的成功可以作为个人信仰虔诚的标志和回报，努力工作是一个人的使命，由此重新定义了世俗工作的意义。这一套伦理被马克斯·韦伯称为新教伦理。他认为正是这套新教伦理奠基了近代资本主义在欧洲而不是其他大陆的发轫和发展，也是资本主义形成于欧洲的根源，从而由另一个视角重新认识了西方花了数百年时间酝酿而成的资本主义生活秩序。资本主义不仅仅是一个经济和政治制度的综合体，它具有特殊的精神风貌和文化意义，其所呈现的特征处处和宗教上的某种伦理态度相呼应，共同构成了现代人的普遍生活方式。由此，韦伯强调隐藏在制度背后的精神力量是制度的基础，新教的伦理观念决定了资本主义制度的形成。

随着人们对观念与制度关系研究的发展，更多的研究成果证实了韦伯的这一观点。行为主义社会学和行动理论研究表明，人类的行为受制于观念的支配，而生态观是制约人类资源开发和利用行为

---

①　［德］马克思·韦伯著，李修建、张江译，《新教论理与资本主义制度》，中国社会科学出版社2009年版。

的关键，只有从信念的高度认清人类与自然的伙伴关系，才能确立人类与自然"一损俱损"、"唇亡齿寒"的关系，那么，国人目前是如何认识自己与自然关系的？这种认识是如何支配人们行为的？观念与行为之间是否存在着矛盾？人们又是如何将破坏环境的行为合理化的等，这些均是本书所关注的焦点问题，而人类对待环境的态度与行为之间的关系也是本书研究的另一个意义所在。综上所述，研究中国公民的生态价值观是时代的要求。

鉴于此，本研究通过科学的手段对中国国民当前的生态观进行全面、系统、深入的调查，包括观念、态度、行为等三个方面。据此全面把握当前经济高速发展，工业化、城市化提速之下中国人的生态观及其基本特征，为我国经济、社会的可持续发展提供政策支持。

4. 研究内容与方法

本研究通过三个步骤完成以下三个方面的研究。

首先，开展科学的、大样本量的现状调查，通过对获取的量与质两个方面资料的分析研究，客观描述当代中国生态价值观状况，全面、翔实、系统、客观地呈现当代国人的生态价值观构成体系。

其次，通过对中国公民生态观的深入研究，分析中国公民生态价值观的构成、特点、实质及发展趋势，并就其与当下政治、经济、文化之间的关系进行阐释，同时对其在公民价值体系中的作用展开深入的思考。

最后，以上述两个方面的研究为基础，从宏观、中观、微观三个维度，提出切实可行的政策建议。

二 课题调查研究概况

从 2010 年 1 月到 2011 年 6 月，经过课题组成员的共同努力，完成了生态价值观课题的调查工作，获得了关于"2010—2011 年我国公民生态价值观"的丰富数据和资料，调查设计和总体调查情况如下。

1. 调查研究总进度

本调查过程主要分为四个阶段：

（1）第一阶段，前期准备阶段（2010年1月至6月）

这一阶段主要是为顺利开展研究做前期的案头准备工作。又可分为两个阶段。

2010年1月至3月，为筹备阶段。此阶段由5位专家和6位研究生组成了课题核心研究团队，就项目进行了多次座谈与沟通，同时完成文献资料的查阅和整理，确定了项目研究的主要内容。

2010年3月至6月，为调查研究的准备阶段。此阶段主要完成了调查前的准备工作。

第一，检索中外相关研究成果。对中外公民生态价值观的实证研究及相关理论研究进行了全面检索与梳理分析。

第二，开展文献研究。在检索梳理的基础上，将相关研究归类、归纳并提炼观点，将具有参考价值的案例、数据编码待用。

第三，完成了问卷设计、试调查及个案研究工作。在上述文献研究的基础上，课题组5位成员在江苏省江阴市开展了为期一个月的个案研究，运用观察、访谈及问卷调查（试调查）等方式，获得了可信的数据和资料，并确定了调查的重点。以此为依据，课题组完成了问卷的修订和访谈提纲设计。

第四，确定了调查样本、样本量和抽样方案。经多次抽样试验，将调查样本确定了为8个省、自治区和直辖市的共26个地级市和直辖市下属区县。经过对样本的两次矫正与调整，确定了江苏靖江等26个调查点。

第五，招募并培训调查员。课题组成立了8个调查小组，先后培训访问员70余人，并分工落实每个人的具体调查工作；在前期培训中，就访谈技巧、礼仪礼貌、访问工具的使用、访谈记录的规范等进行了细致的讲解，并准备了笔记本、地图、图表及赠送给被访者的小礼品等，顺利完成了调查所需的前期准备工作。

（2）第二阶段，正式调查阶段（2010年6月至2011年2月上旬）

此阶段为期半年，课题组以调查小组为单位，对全国26个调查点进行了深入调查与访谈，有效问卷回收率高，访谈顺利，圆满完成了调查工作。期间，各个小组对所分工的调查点，进行了长达两个月的问卷和四个月的访谈工作。访问员在督导的带领下进行实地调查，并随时对问卷进行一审和二审，控制问卷质量。对访谈资料采取分批进行整理，发现问题及时修正并开展补救性再调查，获得了代表性强、信度高、逻辑合理的大量数据资料。

（3）第三阶段，数据分析和研究报告的撰写阶段（2011年3月下旬至10月）

完成了对原始问卷的审查工作，剔除废卷后，先后开展了问卷的编码和录入工作。期间，先后参与工作的研究生70余名，按时完成录入工作后，利用计算机SPSS软件，进行了定量统计分析，获得了2010—2011年度我国公民生态价值观的大量数据，并通过回归等进一步分析，获得了数据与样本之间的相关性。与此同时，完成了更加艰苦的访谈资料的整理与分析工作，从定性的角度获得了对我国公民生态价值观的整体把握。

（4）第四阶段，研讨及修改研究报告阶段（2011年10月至2012年5月底）

此阶段开展了多次交流研讨，听取多方意见，求证研究成果，为研究报告的质量奠定了基础。经课题组研讨，项目组会商，修改研究报告，完成分报告与总报告。

2. 概念操作化与抽样方案

（1）"生态（价值）观"概念的操作化

问卷调查的首要环节是问卷设计的概念操作化。只有对中国公民生态价值观的概念进行操作化之后，才可进入问卷设计环节。

概念操作化，也称概念的具体化或分解化，是对复杂的社会现象进行定量研究的一种方法，指在社会调查研究中，将抽象的概念和命题逐步分解为可测量的指标与可被实际调查资料检验命题的过程。在本研究中，其作用之一在于使生态观这一抽象的概念具体化，将调查的内容控制在被调查者的经验范围之内；作用之二是概念的量化，避免对生态观分析的片面化。

本着以上原则，结合本研究的两个目的、三个目标及我院（北京师范大学哲学与社会学学院）2008 年、2009 年两次价值观调查指标与调查研究结果，参照"罗克奇价值观调查表"中 18 个操作化指标，用排序方法，进行了生态价值观概念的操作化，共将其进行了六个方面的三级指标操作。具体见图 1—1—1。

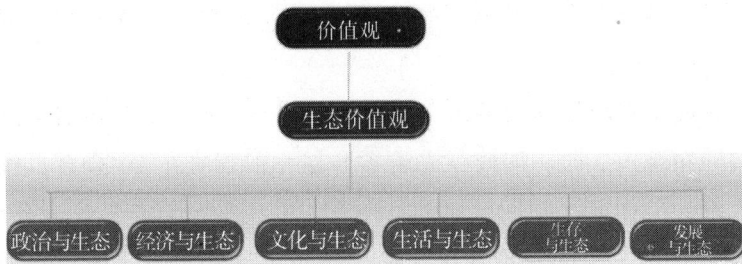

图 1—1—1　生态观概念操作化一级指标

表 1—1—1　　　　　　　　二级指标操作化

政治与生态	经济与生态	文化与生态	生活与生态	生存与生态	发展与生态
权利观	金钱观	幸福观	婚恋观	苦乐观	发展观
自由观	消费观	人生观	家庭观	荣辱观	进步观
公平观	利益观	审美观	生育观	生死观	繁荣观
正义观	利润观	是非观	勤俭观	贵贱观	历史观

表 1—1—2　　　　　　　　三级指标操作化

政治与生态	经济与生态	文化与生态	生活与生态	生存与生态	发展与生态
权利与生态	利润与生态	信仰与生态	婚姻与生态	幸福与生态	发展与生态
权力与生态	利益与生态	制度与生态	家庭与生态	荣誉与生态	进步与生态

续表

| 责任与生态 | 成本与生态 | 幸福与生态 | 居住与生态 | 诚信与生态 | 繁荣与生态 |
| 义务与生态 | 消费与生态 | 风俗与生态 | 饮食与生态 | 财富与生态 | 富有与生态 |

（2）调查对象（样本）的构成

本研究的调查对象为年满 15 周岁（在校全日制学习）的学生和年满 18 周岁以上的中国公民。除随机抽样外，访谈对象的选取向以下重点倾斜，主要包括：与能源开发相关的企业家及政府部门工作人员；大学生、社会组织及社会精英群体；在华的部分外国企业、政府工作人员；生态环境变化较大的地区、自然灾害频发地区、大城市和超大城市、宜居城市与乡村等。

为保证被抽取的调查样本能较好地再现总体的结构特征，经多次讨论，选择随机抽样方法，具体抽样过程如下：

第一步，从中国内地的 31 个省、自治区和直辖市中随机抽取 8 个省、自治区和直辖市，这 8 个省、自治区、直辖市分别为：北京市、山东省、湖北省、吉林省、甘肃省、安徽省、江苏省、贵州省。

第二步，按照世界银行的划分标准，将这 8 个省、自治区、直辖市的所有地级市及直辖市下属区县按照人均 GDP 进行比较排序，分为发达、发展、欠发达三种类别组：人均 GDP 大于 3000 美元（即大于 24000 元）的地区，我们将其归为发达地区组；人均 GDP 处于 800 美元到 3000 美元（即处于 6400 元到 24000 元）之间的地区，归为发展中地区组；人均 GDP 小于 800 美元（即小于 6400 元）的地区，我们将其归为欠发达地区组。

第三步，按照各种地区所占比例，从发达地区组、发展中地区组和欠发达地区组中分别随机抽取不同数量的地级市、自治州和直辖市区县。最终，共抽取了 26 个地级市和直辖市下属区县。结果如下：

北京市（3 个）：西城区、海淀区、石景山区

山东省（6个）：青岛市、淄博市、潍坊市、临沂市、泰安市、烟台市

湖北省（4个）：武汉市、襄阳市、黄石市、恩施市

吉林省（3个）：长春市、吉林市、松原市

甘肃省（3个）：兰州市、张掖市、定西市

安徽省（4个）：合肥市、亳州市、巢湖市、淮南市

江苏省（1个）：江阴市

贵州省（1个）：贵阳市

第四步，根据抽样单位的特征，每个抽样单位分配100—150个调查对象名额。在分配名额时为保证样本代表性，预先限定了调查对象的性别结构、年龄结构和城乡居民身份比例结构，同时在北京地区增加了对中外游客（"五一"、"十一"期间）的调查和访谈。最终由2710人构成了此次全国（不含台湾）抽样调查样本。问卷回收后，经过校验，有效问卷2361份，问卷有效率为87.12%。

（3）研究方法

本研究主要采取以下方法收集资料并展开研究：

文献研究法。主要通过数据库检索搜集国内外最新的生态观研究文献，利用图书馆查阅有关文献，前往环境保护相关部门复印、购买统计资料等。

问卷法。针对调查对象，将公民对自身在自然中位置的认识、公民对人与自然关系的认识、公民对环保的认识、态度、评价与行为等指标细化，设计调查问卷，并运用专业统计软件进行数据分析。

观察和访谈法。本研究采用访谈法及观察相结合的方法，特别是深度访谈方法的运用，既保证了从整体上把握研究对象，保证客观性，又兼顾研究微理性和宏观性，并在此基础上建立生态观调查的指标体系。如针对江苏省江阴市的工业园区工作人员、居民、企业进行深度访谈和观察，项目组成员深入社区进行观察和访谈，参

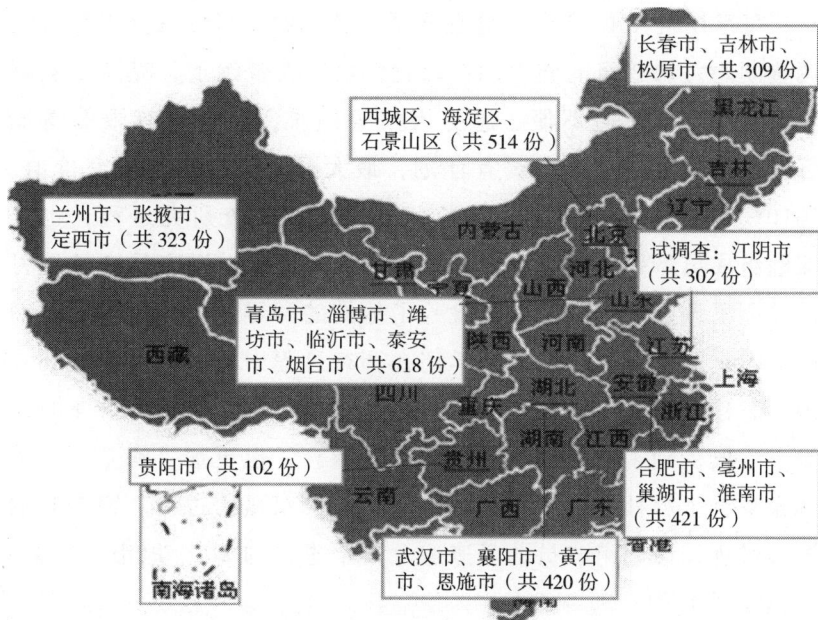

长春市、吉林市、松原市（共309份）

西城区、海淀区、石景山区（共514份）

兰州市、张掖市、定西市（共323份）

试调查：江阴市（共302份）

青岛市、淄博市、潍坊市、临沂市、泰安市、烟台市（共618份）

贵阳市（共102份）

合肥市、亳州市、巢湖市、淮南市（共421份）

武汉市、襄阳市、黄石市、恩施市（共420份）

图1—1—2　问卷分布情况（不含台湾）

与到企业的生产过程中，掌握了一手资料。

资料分析与整理。以定量分析为主，结合定性分析，使用SPSS软件、话语分析等对数据资料进行了整理、编码、录入和分析，完成资料的分析过程。

表1—1—3　　　　　　　　　　采用的主要研究方法

问卷访谈与参与式观察	文献研究
试调查收回有效问卷302份	中外专著、论文、研究报告
正式调查发放问卷2710份	价值观调查报告
正式调查收回有效问卷2361份	国外价值观研究
访谈219人次，访谈样本219份	中国主流价值观研究
江阴工业园区参与式观察30天	中国古代价值观研究
问卷调查、访谈外国游客26人	中国少数民族价值观研究

3. 调查过程与总结

根据所抽取的8个调查省份，项目组相对应成立了8个调查小组，每组设组长 1—2 名，分别开展了长达四个月的调查工作。在调查期间，课题组的同学们在课题组负责人带领下，克服了被调查者不配合、交通不便、恶劣天气等困难，在资金有限的情况下，保质保量地完成了调查计划，最大限度地挖掘了研究价值。2010—2011 年中国公民生态价值观课题的调查研究过程，也是课题组成员特别是研究生、本科生的成长过程，调查员辛勤地付出保证了调查的顺利开展也检验了他们的学习效果，锻炼了他们的能力；同时，课题组的同学们在调查过程中，参与并观察到我国生态建设与环境保护的真实现状，尤其是许多返乡调查的同学，不仅受到了一次深刻的生态环保教育，也更加了解基层，了解家乡，了解社会。本次课题研究是一个双赢的过程。四个月的调查过程，课题组成员的足迹遍及 8 个省份的 26 个地市、区县。具体见图 1—1—3。

❖ 参加调查人数 93 人，进行访问员培训。
❖ 参与式观察：1 个月，7 人参加。
❖ 问卷设计、文献研究：2 个月，15 人参加。
❖ 试调查：1 个月，60 人参与。
❖ 成立 10 个调查组。根据所抽取的 8 个调查省份，项目组相对应成立了 10 个调查小组（其中北京 3 个），每组设组长 1—2 名，分别开展了长达 4 个多月的调查和 2 个月的补充调查工作。
❖ 课题组成员足迹遍及 8 个省份的地、县、市。

图 1—1—3　调查过程图

三　调查样本的基本构成、特征与代表性分析

（一）问卷调查样本

本次研究的重点是中国公民生态价值观念，不同年龄、不同职业、不同阶层、不同性别、不同地区人群之间在观念上的差异及成因也是研究人员所关心的问题。因此，本研究问卷调查分设了样本的生物特征和社会特征，从性别、年龄等生物指标和阶

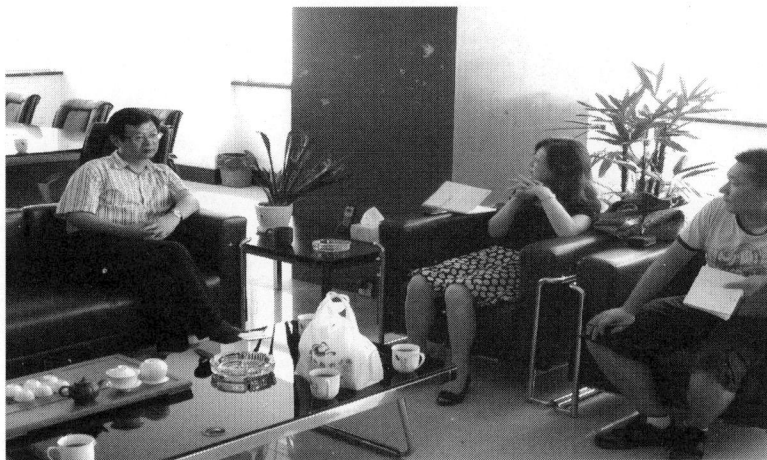

图1—1—4 课题组在江阴市座谈（左一为江阴工业园主任赵叶、
左二为项目组负责人之一刘夏蓓）

层、职业、收入等社会特征搜集资料。为了准确地了解中国公民
整体价值观特征，本次研究在进行全国性问卷调查之前，对样本
配额进行了较为严格的控制，样本的自然构成特征基本上接近
2011年国家统计年鉴给出的相关数据，这为后期的统计分析提
供了科学的保障。

1. 样本的生物特征构成

（1）样本性别构成

本次调查样本的男女性别比例为52.27：47.73，根据2011
年国家统计年鉴及第六次全国人口普查，2010年中国公民的男
女性别比例51.27：48.73，本次样本的性别比例与该比例基本
接近，说明本调查样本在性别比例上具有较强的代表性，据此
所得数据涵盖了男女两性所持观点，据此所得结论不存在性别
偏差。

（2）样本年龄构成

根据问卷调查样本的年龄统计结果，本次问卷调查样本的年龄
均值为33.12岁，年龄统计的中位数为28岁。其中最小年龄者为
15周岁，最大年龄者为86周岁。见表1—1—4。

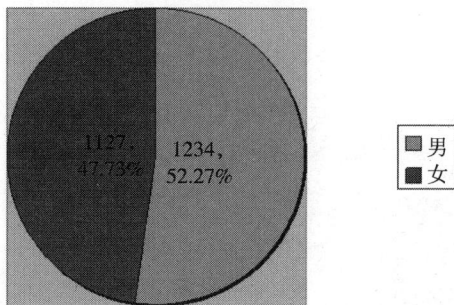

图1—1—5　样本性别结构示意图

表1—1—4　　　　　　　　　样本年龄结构统计

		频数	百分比（%）	累积百分比（%）
有效值	<35岁	1467	62.1	62.1
	35—55岁	706	29.9	92.0
	>55岁	188	8.0	100.0
缺失值		0	0	
总数		2361	100.0	

　　本次调查样本年龄结构统计显示，15—35岁以下的调查对象占总样本的62.1%，35—55岁的调查对象占总样本的29.9%，55岁以上的调查对象占总样本的8%，可见，35岁以前的调查对象是本调查样本的主要构成部分。第六次全国人口普查数据显示：目前，我国15—55岁的人口占我国总人口（15岁以上人口）的79.3%，而55岁以上人口占总人口（15岁以上人口）的20.7%。本次调查样本与全国人口年龄总体结构相比呈现出年轻化的特征。

　　通过与问卷职业调查部分的对比，研究人员发现，导致这一结果的原因是配备样本时，专门增加了一部分对于在校大学生、研究生的调查样本比例。增设在校学生调查比例的原因是想把握中国青年群体生态价值观念的构成与特征，而学生是青年人的主要构成部分，在校期间也是人们价值观的形成时期，他们在校接受科学教育，不断接触到国内外的生态理念，同时也或多或少地秉承了家庭与先辈的传统观念，他们的生态价值观具有传统与现代相结合的特点，因此，青年群体的生态价值观往往代表了中国生态观念发展的主流趋势。因此，通过偏年轻化样本的统计分析，通过年龄组与生态价值观的比较分析，可以使我们据此预测未来中国公民整体生态观念的发展走势。

2. 样本的社会构成特征

考虑到以往调查中社会阶层在环保观念和行为研究中显示出来的重要性，本研究重点考察了社会阶层与公民生态观念之间的联系，设置了"社会经济地位"和"社会政治身份"两个考察项，并将其指标化为受教育水平、职业、收入、社会资本、政治身份、宗教信仰等。这一小节是对样本社会经济地位特征的描述，其中包括受教育水平、职业、个人收入和家庭收入四个变量。

（1）样本的社会经济地位特征

经过统计，样本受教育水平的构成如下：小学文化程度以下的调查对象占总调查样本的1.6%，小学文化程度的调查对象占3.7%，初中文化程度占11.6%。高中文化程度占19.6%，大学（含大专）文化程度占54.7%，研究生（含博士）文化程度占总比例的8.8%。统计数据通过图1—1—6得出的结果，与图1—1—7中第六次全国人口普查提供的中国公民受教育水平情况对比，可以看出二者的差异。

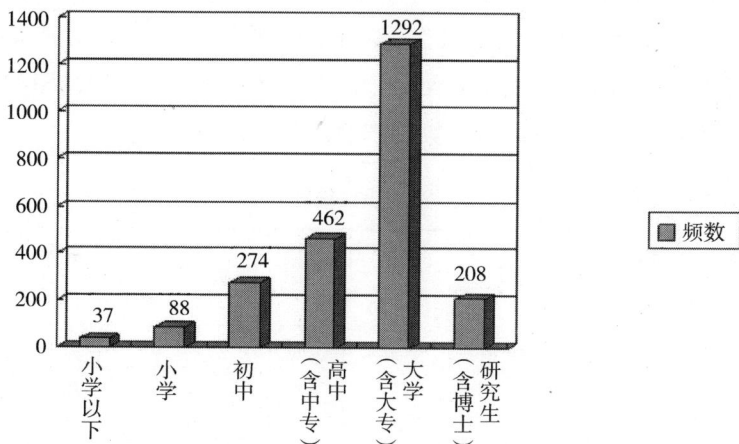

图1—1—6　样本受教育水平统计

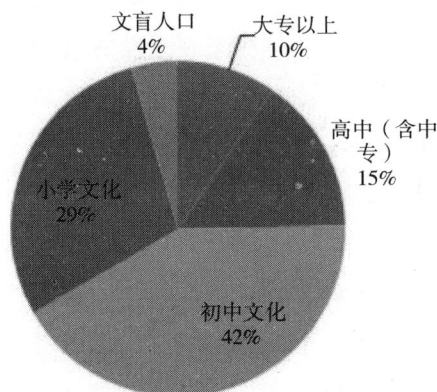

图1—1—7　全国公民受教育水平统计

　　通过以上两张图表的对比，不难发现样本的受教育水平高于全国公民受教育水平，这与样本配额增加在校学生有直接关系。样本已经覆盖所有文化水平的公民，可以做到对不同受教育程度人群之间的差异分析，在下边的研究中显示，样本受教育程度偏高对于趋势性结论的偏差影响不大。

　　如表1—1—5，根据调查员统计结果，除去其中在校学生这一群体，样本中比例最高的职业类型是"党政机关、企事业单位一般工作人员"，有效比例为17.6%；而除去其他一项外，样本中比例最低的职业类型为"暂无固定职业、失业、待业人员"，有效比例4.4%。若单独统计从业人员的职业结构，样本中第一产业从业人数183人，第二产业从业人数443人，第三产业从业人数385人。

表1—1—5　　　　　　　　　　样本职业统计

		频数	百分比（%）	累积百分比（%）
有效值	国家机关、党群组织、企事业单位负责人	139	5.9	5.9
	党政机关、企事业单位一般工作人员	415	17.6	23.5
	企事业单位专业技术人员	312	13.2	36.7

		频数	百分比 （%）	累积百分比 （%）
	商业、服务业人员	385	16.3	53.0
	农、林、牧、渔、水利业生产人员	183	7.8	60.7
	生产、运输设备操作人员及相关人员	131	5.5	66.3
	暂无固定职业、失业、待业人员	105	4.4	70.7
	学生	611	25.9	96.6
	其他（请注明）	80	3.4	100.0
	缺失值	0	0	
	总数	2361	100.0	

在实际调查中，研究人员很难获得调查对象真实、准确的收入情况，所以在设计问卷时，调查员将个人收入与家庭收入两个变量设计为大致范围的选项，即使如此，收入数据也仅能作为参考在后边的分析中使用。表 1—1—6 和表 1—1—7 分别为调查员对样本个人收入和家庭收入的统计。

表 1—1—6　　　　　　　　　样本个人年收入统计

		频数	百分比 （%）	累积百分比 （%）
有效值	3 千元以下	781	33.1	33.1
	3 千—8 千元	217	9.2	42.3
	8 千—2 万元	599	25.4	67.6
	2 万—12 万元	701	29.7	97.3
	12 万元以上	63	2.7	100.0
	缺失值	0	0	
	总数	2361	100.0	

表 1—1—7　　　　　　　　　样本家庭年收入统计

		频数	百分比（%）	累积百分比（%）
有效值	1 万元以下	195	8.3	8.3
	1 万—3 万元	557	23.6	31.9
	3 万—7 万元	836	35.4	67.3
	7 万—20 万元	608	25.8	93.0
	20 万—50 万元	136	5.8	98.8
	50 万元以上	29	1.2	100.0
缺失值		0	0	
总数		2361	100.0	

　　通过对于这两个变量的统计，调查员发现样本是以中低收入人群为主的：从个人年收入上看，年薪 12 万以上的只有 63 人，占总比例的 2.7%；而从家庭年收入上看，收入在 50 万以上的家庭只有 29 个，只占总比例的 1.2%。这种情况恰恰弥补了样本受教育程度偏高的缺陷。在考察影响因素时，收入和受教育水平具有同等的重要性，因此样本结构中两者的互补就可以避免样本结论受高等级社会阶层（较高社会经济地位）过大的影响。

　　（2）样本的社会身份特征

　　从古至今，社会政治身份在中国人的生活中都具有相当重要的意义。为了考察样本的社会政治身份，调查员设计了 6 个变量：目前居住地、父亲职业、母亲职业、婚姻状况、政治面貌、宗教信仰。

　　目前居住地是调查对象的重要社会身份之一，图 1—1—8 是对样本目前居住地的统计，与图 1—1—9 第六次人口普查提供的公民居住地情况对比，可以得到二者的相似程度。

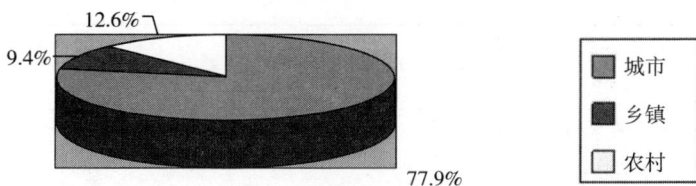

12.6%

9.4%

77.9%

城市
乡镇
农村

图1—1—8　样本目前居住地统计

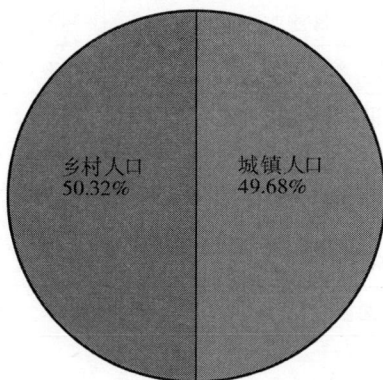

乡村人口
50.32%

城镇人口
49.68%

图1—1—9　中国公民目前居住地统计

　　根据两图对比，样本中的城市人口比例高于中国公民城市人口
比例。但据第六次全国人口普查结果中，乡村人户分离人口达到
2.6亿。也就是说有大量农村居民进城务工或在乡镇就业，如此，
样本的比例结构与实际全国人口状况差距不大。

　　父母职业是调查对象家庭所处社会阶层、所具有社会地位
的重要指标，表1—1—8和表1—1—9是对调查对象父母职业
的统计，从中可以看出大部分调查对象出身劳动阶层：在对父
亲职业这一变量的统计结果中，"农、林、牧、渔、水利业生
产人员"的选择人数最多，共667人，达到总比例的28.3%；
而在母亲职业的统计结果中，选择最多的两项分别是"家庭妇
女"和"农、林、牧、渔、水利业生产人员"，分别占总比例的
24.4%和24.3%。

表 1—1—8　　　　　　　　调查对象的父亲职业数据统计

		频数	百分比（%）	累积百分比（%）
有效值	国家机关、党群组织、企事业单位负责人	206	8.7	8.7
	党政机关、企事业单位一般工作人员	415	17.6	26.3
	企事业单位专业技术人员	272	11.5	37.8
	商业、服务业人员	342	14.5	52.3
	农、林、牧、渔、水利业生产人员	667	28.3	80.6
	生产、运输设备操作人员及相关人员	152	6.4	87.0
	暂无固定职业、失业、待业人员	196	8.3	95.3
	其他（请注明）	111	4.7	100.0
缺失值		0	0	
总数		2361	100.0	

表 1—1—9　　　　　　　　调查对象的母亲职业数据统计

		频数	百分比（%）	累积百分比（%）
有效值	国家机关、党群组织、企事业单位负责人	78	3.3	3.3
	党政机关、企事业单位一般工作人员	364	15.4	18.7
	企事业单位专业技术人员	178	7.5	26.3
	商业、服务业人员	292	12.4	38.6
	农、林、牧、渔、水利业生产人员	574	24.3	62.9
	生产、运输设备操作人员及相关人员	85	3.6	66.5
	暂无固定职业、失业、待业人员	149	6.3	72.9
	家庭妇女	577	24.4	97.3
	其他（请注明）	64	2.7	100.0
缺失值		0	0	
总数		2361	100.0	

研究表明，婚姻对个人的社会地位也具有重要的影响，而一个社会的离婚率也可以反映其社会价值观的变化。图 1—1—10 是对样本婚姻状况的统计，其中已婚人士 1171 人，占总比例的 50%；未婚、离异、丧偶分别占总比例的 47%、2%、1%。

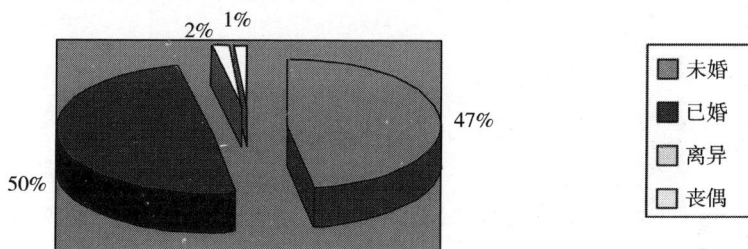

图 1—1—10 样本婚姻状况统计

政治面貌反映了社会成员对社会政治事务的参与态度及立场。统计显示，2010 年底，中国共产党党员人数达到 8000 万人以上，占全国人口的 8% 左右，而本次样本的党员人数却占了 28%，样本偏高。其原因是由于本次调查样本的文化程度较高，大学文化程度的调查对象达到 1292 人，其大学期间参与政治活动的机会相对较多，这一因素使样本的政治面貌中党员的数量远远高于全国结构。图 1—1—11 为对样本政治面貌的统计。

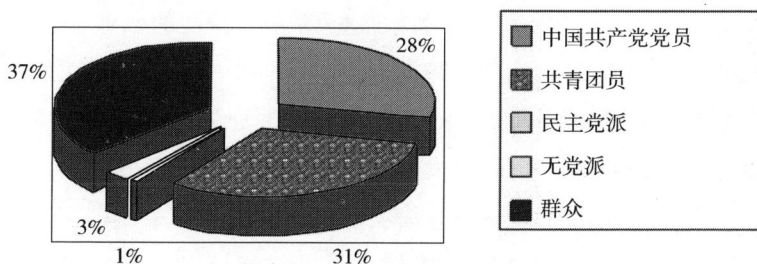

图 1—1—11 样本政治面貌统计

宗教信仰是影响个体生态价值观的一个重要因素，在表 1—1—10 对样本宗教信仰的统计中，83.1% 的调查对象认为自己没有宗教信仰，在 16.9% 有宗教信仰的调查对象中，信仰佛教的人数最多，达到 183 人，占信仰人数总比例的 7.8%。

表 1—1—10　　　　　　样本宗教信仰统计

		频数	百分比（%）	累积百分比（%）
有效值	道教	18	0.8	0.8
	佛教	183	7.8	8.5
	伊斯兰教	48	2.0	10.5
	天主教	8	0.3	10.9
	基督教	58	2.5	13.3
	民间信仰	84	3.6	16.9
	没有宗教信仰	1962	83.1	100.0
缺失值		0	0	
总数		2361	100.0	

（3）样本的社会关系特征

个人的生态观念会受到整个社会的主流生态意识以及其他社会成员的影响，所以本次问卷调查中设计了对调查对象社会关系的考察。"与您关系最好的三个朋友的职业"和"您平时获知新鲜事的途径"两题分别考察了调查对象个人与其他社会成员及与整个社会的关系。

图 1—1—12 为对"与您关系最好的三个朋友的职业"一题的加权统计，研究人员通过与调查对象本身职业的统计对比，发现其职业与其朋友职业的相似度很高；加权后占百分比最高的三项分别是学生，党政机关、企业单位工作人员和商业、服务业人员，说明样本交往的朋友属于社会中等偏上阶层。

图 1—1—13 是对样本主要信息渠道的统计，选择人数最多的三项分别是互联网 1624 人，电视 1602 人和报纸杂志 1076 人，这表明样本中的调查对象与社会交流十分密切，而不是单纯地局限于与身边的其他社会成员交往。

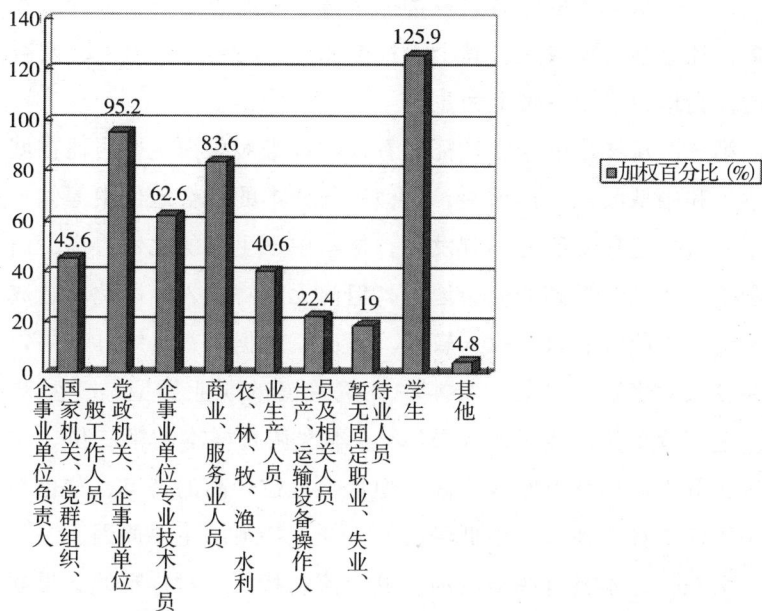

图1—1—12　"与您关系最好的三个朋友的职业"的加权统计

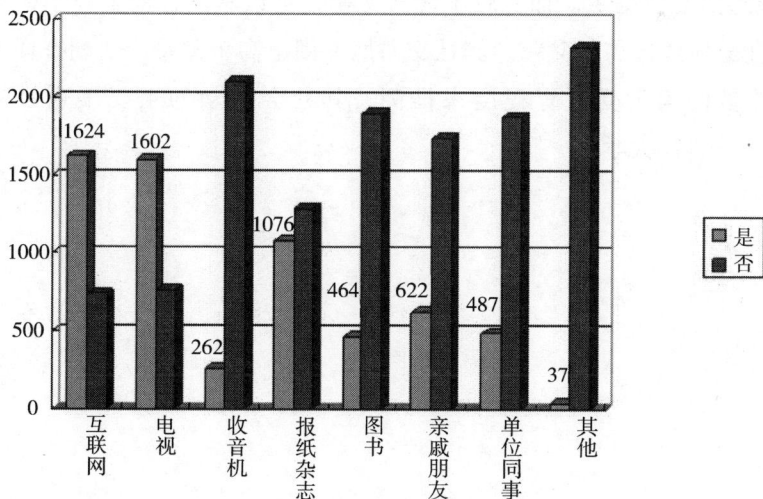

图1—1—13　样本主要信息渠道的统计

本次调查样本具有以下几个特征：

　　第一，从样本的社会关系特征来看，被调查对象与社会的互动较多，社会参与度较高，其个人社交圈以"业缘"① 为主，调查对象的社会地位以中等偏上为主。

　　第二，从样本的身份特征来看，被调查对象为主要居住在城市的学生和中低收入人群为主，这似乎与样本的社会地位中等偏上形成了矛盾，但仔细研究不难发现，样本中学生占的比例较高，由于大学生群体拥有较高的社会地位，但尚无经济收入，因此，造成了样本的个人收入和家庭收入较低。其次，根据调查员统计结果，除去在校大学生这一群体，样本中比例最高的职业类型是"党政机关、企事业单位一般工作人员"，占本次调查样本的第二位，在我国这部分人同样具有收入不高，但社会地位较高的特点，这也是形成中等偏上社会地位、中低经济收入样本特征的主要原因。

　　第三，样本具有明显的向上社会流动特征。对样本的父母职业调查表明，大部分样本的父亲职业为"农、林、牧、渔、水利业生产人员"，母亲则以"农、林、牧、渔、水利业生产人员"和"家庭妇女"为主。而比较子代与父辈，可以看出，调查样本的职业社会地位远高于父辈，其社交与朋友圈也高于父辈。从调查样本占半数的大学受教育程度来推测，其社会流动的主要渠道是升学——"读大学"。

---

① 指研究对象的社交以职业为轴心，其交往圈多为具有同类职业的人群。

第二章　系列专题报告

第一篇　经济与生态

（一）本篇导言

工业革命以来，人类进入了一个经济快速发展时期，与之前的农业社会相比，此时人类改造、驾驭自然的能力有了空前的提高，取得了前所未有的发展成就，在该过程中也形成了人类新的生产和生活方式，即随着工业化进程的发展，与其相伴生的是资源的过度开发，环境受到不同程度的污染，水资源短缺，有些地区的生态平衡被打破，甚至整个地球的气候变得异常，严重地影响了人类正常的生产和生活。因而，现代人在享受工业社会带来的便捷、效率和其他好处的同时，也为此付出了巨大的代价，不仅出现了各种职业病、城市病，还产生了由于金属和化学污染、水污染导致的严重疾病，有些地方更是造成水不能喝、粮食不能吃，人们的健康和生命受到严重威胁。近几十年来，发展中国家相继加入工业社会的行列，由于文化、价值观和政策方面的问题，部分国家和地区重蹈西方发达国家"经济飞速发展的同时，环境被污染"的老路，甚至付出了更加高昂的环境代价和人民生命的代价。

生态被破坏、环境被污染，虽然直接源自人类的经济活动，但却是特定价值观的直接后果。人类的生态价值观直接作用于人类的经济活动，决定人类如何看待经济发展与生态平衡之间的关系，如何看待人类社会发展与保护环境的关系，所以研究人们对于经济与生态方面的价值观对于国家的可持续发展来说十分重要。它是人们生态观的重要组成部分。

　　长期以来，经济发展与环境保护被认为是一对很难调和的矛盾，也是争论最为激烈的问题。近年来的社会调查表明，随着人们对自然资源有限性认识的加深，随着人们对自然环境恶化的感知与体验，特别是随着人类对主导工业社会的"发展观"、"进步观"的反思，人们逐渐认识到，人类必须学会如何在经济发展与环境保护之间分配资源并做出取舍，对资金短缺的发展中国家来说，这一问题更加尖锐且无法回避，部分有识之士已经从长远的角度指出，环境保护与经济发展并不一定是矛盾的，环境的改善有助于经济的可持续发展，而经济的发展则能为环境保护提供支持。这一观点虽尚未成为人们生态价值观的主流，但正在被更多的人所接受。

　　本次调查设计了经济与生态的相关的调查项。意在通过"利润与污染"、"利益与治理"、"功利（利）与道德（义）"三对关系的考量，考察被调查者的经济生态观，从而全面研究当下中国公民的生态价值观。经统计分析，结果如下。

（二）本篇数据分析

1. 原始问卷中"经济与环境"量表分析

经济与生态的量表在原始问卷中为 C 量表，原表如下。

　　C. 下面是关于"经济与环境"关系的一些说法，您是否同意这些说法？请在与您观点一致的选项内打"√"。

问题	非常赞同	比较赞同	说不清	不太赞同	不赞同
1. 只要能赚钱，弄点污染不要紧	1	2	3	4	5
2. 先把经济搞上去，再治理污染	1	2	3	4	5
3. 要环保就赚不到钱	1	2	3	4	5
4. 不是自己污染的环境，做环保不划算	1	2	3	4	5

续表

问题	非常赞同	比较赞同	说不清	不太赞同	不赞同
5. 买到被污染的产品，我一定要讨个说法	5	4	3	2	1
6. 人只要有钱，就能活得很幸福	1	2	3	4	5
7. 污染了环境，交点费用就心安理得了	1	2	3	4	5
8. 无论为了什么，都不能污染环境	5	4	3	2	1
9. 污染了环境能瞒就瞒	1	2	3	4	5
10. 为了发展地方经济，对污染环境的企业可以睁一只眼闭一只眼	1	2	3	4	5

以上原始量表，拟通过五个选项、10 道题来考察被试者的经济生态观，其中第 1、3、10 题，考察被试者关于"利润与环境"之间关系的看法；第 2、4、5 题，考察被试者关于"利益与治理"之间关系的看法；第 6、7、8、9 题则考察被试者关于"功利（利）与道德（义）之间关系的看法，三个部分的问题交叉隐含、关系密切，以期相互印证。

2. "经济与环境"量表的数据分析

对"经济与环境"原始量表的分析主要包括百分比统计、平均值、标准差分析及相关分析。通过对问卷不同答案的得分进行平均值、标准差和百分比统计的分析，并将答案得分和其他变量做相关分析，得出以下答案。

表 2—1—1　　C 量表数据赋值与平均值、标准差分析结果

问题	平均值	标准差
－1. 只要能赚钱，弄点污染不要紧	4.16	1.063
－2. 先把经济搞上去，再治理污染	4.11	1.103
－3. 要环保就赚不到钱	4.06	1.075

续表

问题	平均值	标准差
-4. 不是自己污染的环境，做环保不划算	4.11	1.100
+5. 买到被污染的产品，我一定要讨个说法	3.87	1.052
-6. 人只要有钱，就能活得很幸福	3.67	1.234
-7. 污染了环境，交点费用就心安理得了	4.19	1.051
+8. 无论为了什么，都不能污染环境	3.89	1.213
-9. 污染了环境能瞒就瞒	4.35	0.897
-10. 为了发展地方经济，对污染环境的企业可以睁一只眼闭一只眼	4.35	0.924

　　为了统计方便，我们将"经济与生态"量表中的 10 个问题分别赋予正、负值，其中第 5 种和第 8 种说法为正赋值，正赋值的观点为正向，正赋值数据越大表明被调查者越接近肯定原题的观点。负赋值观点为负向，该量表除了 5、8 题外，均为负赋值，负赋值数据越大表明越不赞同原题的观点。

　　平均值指被试群体关于每一种说法的态度赋值的平均数值。标准差则是描述被调查者对某种观点答案的集中和分散程度，标准差越小说明答案越集中，而标准差越大则表明被调查者的答案越分散。赋值与平均值、标准差之间的关系是赋值之和除以被试群体人数是平均值。

　　1. 平均值分析

　　量表中正赋值选项的平均值为 3.87—3.89，负赋值选项的平均值为 3.67—4.35，均高于 3。这说明了如下几个问题：

　　（1）被试群体对于"经济行为和环境"之间的关系已经有了自己的明确态度与观点。

　　由于赋值为 3 时，表明被试群体的态度是说不清，而赋值越向 1 和 5 接近表明被试群体态度明确，即非常赞同或非常不赞同原始量表中的观点。在上述量表中，由于平均值都大于 3，故说明被试群体选择问卷中"说不清"答案的比例比较小，这说明被试群体对环境与经济的关系有自己的明确认识与态度。

（2）被试群体一致关注自身利益是否被侵害，而对环境被污染则认为可以视情况而为之。

在上述量表中，共有两个正赋值题，第5题："买到被污染的产品，我一定要讨个说法"和第8题："无论为了什么，都不能污染环境"。如前所述，正赋值的答案为正向，正赋值的均值越高，说明答案被试者越偏向"非常赞同"、"比较赞同"的答案，反之则越偏向不赞同。

"买到被污染的产品，我一定要讨个说法"一题的均值为3.87，标准差为1.052。该题答案的标准差相对来说比较集中，均值在3—4，说明被试群体比较赞同"买到被污染的产品，我一定要讨个说法"这个观点。"无论为了什么，都不能污染环境"的均值为3.89，标准差为1.213。虽然从均值来看，被试群体是倾向于比较赞同这一观点。但是该题的标准差比较大在十道题中仅次于第二题，位居第二，说明该题的答案比较分散，也就说，均值的代表性并不强，在这个问题上被试群体的观点，比较分散，不一致。

从答案选择的百分比来看也是如此，统计结果显示，该题有40.7%的人选择了非常赞同，28.8%的人选择了比较赞同，15.2%的人选择了说不清楚，8.9%的人选择了不太赞同，6.3%的人选择不赞同。从数据分布上看，大多数人还是比较偏向赞同的态度，但其他选项均有一定比例的选择量，更有不少比例的人选择说不清楚。由此推断，被试群体的大部分人认为无论什么情况都不能污染环境，但同时也有相当数量的人认为，环境污染并非绝对不可为。

上述两个正赋值题的数据分析表明，被试群体认为买到被污染的产品一定要讨个说法，但是并不认为环境是绝对不能被污染的。从这两种态度可以看出，被试群体一致关注自身利益的被侵害，自我保护意识正在觉醒，但同时认为环境污染则可以视情况而定。

（3）被试群体一致强烈反对污染了环境而不承担责任的行为。

不赞同中国走西方"先发展，后治理"的老路。同时也不认为赚钱与污染环境、个人幸福之间有直接的因果关系。

在"经济与环境"关系的量表中，有8道被赋予负向赋值的题目，它们分别是："只要能赚钱，弄点污染不要紧"；"先把经济搞上去，再治理污染"；"要环保就赚不到钱"；"不是自己污染的环境，做环保不划算"；"人只要有钱，就能活得很幸福"；"污染了环境，交点费用就心安理得了"；"污染了环境能瞒就瞒"；"为了发展地方经济，对污染环境的企业可以睁一只眼闭一只眼"。先将上述负赋值的统计结果分别分析如下：

"只要能赚钱，弄点污染不要紧"这一观点的均值是4.16，标准差是1.063。负向赋值数据越大说明越接近否定答案，也就是说，被试群体的答案介于"不太赞同"和"不赞同"的选项之间，被试群体基本不同意"只要能赚钱，弄点污染不要紧"的观点。

"先把经济搞上去，再治理污染"这一观点的均值是4.11，标准差是1.103。这说明被试群体倾向于"不太赞同"和"不赞同"的选项之间，也就是被试群体基本不同意"先把经济搞上去，再治理污染"的观点。

"要环保就赚不到钱"这一观点的均值是4.06，标准差是1.075。这说明被试群体倾向于"不太赞同"和"不赞同"的选项之间，也就是被试群体基本不同意"要环保就赚不到钱"的观点。

"不是自己污染的环境，做环保不划算"这一观点的均值是4.11，标准差是1.100。这说明被试群体倾向于"不太赞同"和"不赞同"的选项之间，也就是被试群体基本不同意"不是自己污染的环境，做环保不划算"这个观点。上述观点的标准差均在1.2以下，说明被试群体的观点基本不致，对于上述观点有着较为一致的看法。

"人只要有钱，就能活得很幸福"这一观点的均值是3.67，但标准差是1.234。由于标准差较大，说明该题的答案比较分散，且没有压倒性多数的观点，代表性较弱，被试群体对这一观点的意见不统一。百分比统计数据同样如此，该题中不赞同的占 32.1%，不太赞同的占 29.6%，说不清楚的占 18.5%，比较赞同的占 13.3%，非常赞同的占 6.6%。从这个数据分布可以看出，被试群体的态度会偏向不赞同和不太赞同，但同时也有一些人选择说不清楚和比较赞同，也就是说，被试群体对"钱和幸福"关系的看法比较多元，没有相对比较一致的答案。

"污染了环境，交点费用就心安理得了"这一观点的均值是 4.19，标准差是 1.051。这说明被试群体倾向于"不太赞同"和"不赞同"的选项之间，也就是被试群体基本不同意"污染了环境，交点费用就心安理得了"这个观点。

"污染了环境能瞒就瞒"这一观点的均值是 4.35，标准差是 0.897。这说明被试群体倾向于"不太赞同"和"不赞同"的选项之间，其标准差小于 1，说明被试群体在这个问题上观点非常一致，他们不同意"污染了环境能瞒就瞒"的观点。

"为了发展地方经济，对污染环境的企业可以睁一只眼闭一只眼"这一观点的均值是 4.35，标准差是 0.924。这同样说明被试群体"不太赞同"或"不赞同"这一观点，不同意"为了发展地方经济，对污染环境的企业可以睁一只眼闭一只眼"，且看法一致。

综上所述，被试群体基本不同意负赋值选项中问题的观点，其中，有两道题答案最为集中，两道题答案观点则比较分散。对所有这些负赋值的分析中可以得出以下结论：

第一，被试群体一致强烈反对污染了环境而不承担责任的行为，不管是以什么为借口。

第二，被试群体在"金钱与幸福的关系"上意见不统一，不认同"有钱就能活得幸福"，但对二者之间的关系也有很多不同的看法。

第三，被试群体不赞同中国走西方"先发展，后治理"的老路。不认为赚钱与污染环境有直接的因果关系。

第四，被试群体认为治理污染、环境保护是每个公民的基本责任。

2. 量表中的标准差分析

（1）量表中标准差最高的两项的分析（意见比较分散）

标准差用来衡量数据的统一性，标准差越小，说明答案越集中，从而平均值越有代表性；反之，说明数据波动比较大，数据分散，答案不统一，观点不一致。当标准差大于 1 时，其相对应的平均值的代表性就弱。

在 C 量表中，"人只要有钱，就能活得很幸福"这一说法的标准差是 1.234，是所有说法中标准差最高的。"无论为了什么，都不能污染环境"的标准差为 1.213，居于第二。这说明被试群体对上述两种观点的态度波动最大，答案最为分散，意见最不统一，存在着答案之外的观点。

首先，被试群体认为人有钱并不一定就能获得幸福。如上所述，不赞同"人只要有钱，就能活得很幸福"的人占 32.1%，不太赞同的占 29.6%，说不清楚的占 18.5%，比较赞同的占 13.3%，非常赞同的占 6.6%。从这个数据分布可以看出，被试群体的态度会偏向不赞同和不太赞同，但是也有一些人选择说不清楚和比较赞同。

其次，大多数人还是比较偏向赞同"无论为了什么，都不能污染环境"，但并非绝对。如上所述，有 40.7% 选择非常赞同，有 28.8% 选择比较赞同，有 15.2% 选择说不清楚，有 8.9% 选择不太赞同，有 6.3% 选择不赞同。从数据分布来推断，被试群体意见比较多元，观点不一致。

总之，被试群体在"金钱与幸福的关系"上意见不统一，不认同"有钱就能活得幸福"。某些被试群体认为在某些利益面前，环境保护可以让步。

（2）量表中标准差最低的两项的分析（意见比较集中）

"污染了环境能瞒就瞒"与"为了发展地方经济，对污染环境的企业可以睁一只眼闭一只眼"这两项说法的标准差分别是 0.897、0.924，均小于 1，平均值的代表性强。说明被试群体在这两个问题上观点非常一致。

这两项说法的赋值均为 4.35，是其中均值最高的，这说明被试群体对这两种观点持比较明确的反对态度。数据表明，被试群体比较集中地认为污染了环境不可以"能瞒就瞒"，即使为了发展地方经济，对污染环境的企业也不可以睁一只眼闭一只眼，而应该有相应的措施。

通过对量表选项的均值和标准差的数据分析，可以得出以下结论：被试群体对于环境与经济的态度以倾向于"治理污染、保护环境、人人有责"为主流，且态度非常一致，但在幸福与金钱的关系和"绝对禁止环境污染"方面态度有分歧。

3. 相关性分析

通过对量表中各选项和其他变量进行相关性分析发现，"居住地"这一变量与"只要能赚钱，弄点污染不要紧"、"先把经济搞上去，再治理污染"两个选项之间具有一定的相关性，具体数据分析如下：

（1）居住地与"只要能赚钱，弄点污染不要紧"的关系

表 2—1—2　　居住地与"只要能赚钱，弄点污染不要紧"的关系

	非常赞同	比较赞同	说不清楚	不太赞同	不赞同	总计
城市	36 （1.96%）	80 （4.35%）	161 （8.75%）	631 （34.29%）	932 （50.65%）	1840
乡镇	7 （3.14%）	22 （9.87%）	26 （11.66%）	68 （30.49%）	100 （44.84%）	223
农村	53 （17.79%）	24 （8.05%）	32 （10.74%）	76 （25.50%）	113 （37.92%）	298
总计	96 （4.06%）	126 （5.34%）	219 （9.28%）	775 （32.82%）	1145 （48.50%）	2361

从表 2—1—2 中的比例可以看出，城市、乡镇、农村的居民对该观点的态度比较集中于不太赞同和不赞同，合计所占的比例为 81.32%。其中，城市居民持这两种态度合计所占的比例为 84.94%，乡镇居民为 75.33%，农村居民为 63.42%。

反过来看，将表 2—1—2 中城市、乡镇和农村居民的态度进行对比后发现，城市居民对"只要能赚钱，弄点污染不要紧"持非常赞同的人所占比例仅为 1.96%，低于乡镇居民（3.14%），而且远低于农村居民（17.79%）。农村居民非常赞同这个观点的人的比例也比总体上赞同这个观点的比例（4.06%）高出许多。城市、乡镇、农村对该观点持不太赞同和不赞同态度的比例也依次下降。

因此，通过正反两个方面的分析，可以认为，相比乡镇居民和农村居民，城市居民对"只要能赚钱，弄点污染不要紧"的观点最为反对，农村居民对该观点反对的程度相比其他居民最弱，乡镇居中。

表 2—1—3　　　　居住地与"只要能赚钱，弄点污染不要紧"的区间变量分析

			Value
Nominal by Interval	Beta	A03 Dependent	0.266
		C01 Dependent	0.219

表 2—1—4　　　　居住地与"只要能赚钱，弄点污染不要紧"的一致性检验分析

	Value	Asymp Std. Error[a]	Approx T[b]	Approx Sig.
Ordinal by Ordinal Gamma	−0.257	0.037	−6.401	0.000
N of Valid Cases	2361			

从表 2—1—3、表 2—1—4 中可以看出，居住地与"只要能赚钱，弄点污染不要紧"这一观念之间呈 Gamma 负相关和 Beta 相

关。这也说明较乡镇与农村居民来说，城市居民更大程度上认为保护环境是至关重要的，不能因为赚钱而忽视对环境的影响。

通过对上表的分析，可以得出如下结论：居民总体上是反对"只要能赚钱，弄点污染不要紧"的观点，但比较而言，城市居民对该观点的反对态度强硬于乡镇和农村居民，农村居民则各持不同的反对和支持态度，而且其支持该观点者远高于其他居民。

（2）居住地与"先把经济搞上去，再治理污染"的关系

表 2—1—5　　　居住地与"先把经济搞上去，再治理污染"的关系

	非常赞同	比较赞同	说不清楚	不太赞同	不赞同	总计
城市	45 （2.45%）	97 （5.27%）	169 （9.18%）	614 （33.37%）	915 （49.73%）	1840
乡镇	11 （4.93%）	22 （9.87%）	32 （14.35%）	68 （30.49%）	90 （40.36%）	223
农村	53 （17.79%）	23 （7.72%）	40 （13.42%）	80 （26.84%）	102 （34.23%）	298
总计	109 （4.62%）	142 （6.01%）	241 （10.21%）	762 （32.27%）	1107 （46.87%）	2361

从表 2—1—5 中的比例可以看出，城市居民对该观点的态度比较集中于不太赞同和不赞同，这两种态度合计所占的比例为83.10%。乡镇居民对该观点的态度比较集中于不太赞同和不赞同，这两种态度合计所占的比例为 70.85%。农村居民对该观点的态度也是比较集中于不太赞同和不赞同，这两种态度合计所占的比例为61.07%。总体上所有居民的态度也是集中于不太赞同和不赞同。这两种态度合计所占的比例为 79.14%。

将表 2—1—5 中城市、乡镇和农村居民的态度进行对比后发现，城市居民非常赞同这个观点的人所占的比例为 2.45%，低于乡镇居民（4.93%），而且远低于农村居民（17.79%）。农村居民非常赞同这个观点的人的比例也比总体上赞同这个观点的比例

（4.62%）高出许多。

城市、乡镇、农村对该观点持不太赞同和不赞同态度的比例也依次下降。相比乡镇居民和农村居民，城市居民对"先把经济搞上去，再治理污染"的观点最为反对，农村居民对该观点的反对程度相比其他居民最弱，乡镇居中。

表 2—1—6　居住地与"先把经济搞上去，再治理污染"的区间变量分析

			Value
Nominal by Interval	Beta	A03 Dependent	0.253
		C02 Dependent	0.219

表 2—1—7　　　　居住地与"先把经济搞上去，再治理污染"的一致性检验分析

	Value	Asymp Std. Error[a]	Approx T[b]	Approx Sig.
Ordinal by Ordinal Gamma	−0.290	0.035	−7.490	0.000
N of Valid Cases	2361			

表 2—1—6 和表 2—1—7 说明居住地与"先把经济搞上去，再治理污染"这个观点呈 Gamma 负相关和 Beta 相关。这说明，较乡镇、农村居民来说，城市居民更大程度上认为保护环境是至关重要的，他们不认同先污染再治理的做法，印证了上述结论。

通过对上述相关分析，可以得出如下的结论：居民总体上是反对"先把经济搞上去，再治理污染"。但城市居民对"先把经济搞上去，再治理污染"这个观点的反对态度强于乡镇和农村居民，虽然农村居民总体上也是反对这个观点的，但是其反对强度不仅居于城市和乡镇居民之后，而且对这个观点的支持态度也远远高于其他居民。由此可以推断，城市居民强硬的态度源自城市高污染环境的体验，相对于城市来说乡村的空气、水源和绿化等自然环境明显优于城市，因此，城市居民对该观点的强硬态度是对污染环境的体验性反映。其次，当前我国的城市也往往是工业的发达地区，经济发展与生活水平明显高于乡村，可以说，已经完成了或者正在完成"先把经济搞上去，再治理污染"的过程，在这个过程中，城市居民付出了健康、生活质量等代价，可以说他们深知这条道路的副作用，因此，强烈反对。相比较而言，乡村居民中绝大部分地区尚未发展成为工业中心，尽管我国的城市化进程发展迅猛，但绝大多数乡村地区还是非污染工业区，高污染的工业社会离他们现在所处的社会有一段距离，因此，他们虽然也反对"先把经济搞上去，再治理污染"，但由于缺乏工业污染的体验和感知，所以，态度远非城市居民那样强硬。城镇居民的态度居于城市与乡村居民之间，与他们对环境污染的经验一致，正好从一个侧面印证了我们的推断。

如前所述，在"经济与环境"的量表设计中，我们希望考察三组关系，其中两组考察经济生态观，一组考察生态道德观，且相互包含，便于印证，结论逻辑性强，真实可信。

（三）经济生态价值观的构成与主要观点

通过上述问卷的数据分析及与访谈资料的互证，我们可以看到当下中国公民经济生态观的构成内容与结构，即当下中国公民经济生态主要是由利益观、利润观、社会责任观所构成。

1. 利润与污染：市场经济价值观让位于社会责任观

市场经济价值观的一个重要特点就是利润取代具体产品成为直接的生产目的，由于在极其广阔的时空范围内组织市场经营，厂商生产的目的不再像小农经济那样以获取产品为直接目标，而是以利润为直接生产目的，产品的生产变成了获取利润的手段。在这里，利润是泛指一切价值增值，也是衡量市场经济有效性的主要指标。因此，被试群体对利润和污染二者关系的看法，就是对生产及生产目的与环境之间关系的看法，也就是对社会经济发展的目的看法，是人类对自己经济发展前景的看法。曾几何时，利润至上是长期主导人类经济活动的主流价值观，我们通过这个指标，可以考量人们对利润与环境污染之间关系的看法，考量人们对获得与付出，对社会责任的看法，同时亦可研究市场经济价值观在目前人们的价值观中有着怎样的地位和作用，C量表中设计了3个关于利润和污染选项，量表统计结果如下：

表2—1—8　　利润与污染选项的平均值与标准差统计结果

	平均值	标准差
−1. 只要能赚钱，弄点污染不要紧	4.16	1.063
−3. 要环保就赚不到钱	4.06	1.075
−10. 为了发展地方经济，对污染环境的企业可以睁一只眼闭一只眼	4.35	0.924

从表2—1—8中可以看出"只要能赚钱，弄点污染不要紧"这种说法认为只要能赚到利润就不在乎环境的污染，是一种利润至上的心态。它的标准差是1.063，均值是4.16，说明被试群体中比较多的人不赞同将利润放在首位。

访谈资料的内容也印证了这一观点：

访谈资料1（某能源公司人力资源主管）：

作为一名有理想的商人，他的盈利是以服务社会为第一目的，当你的服务、产品能够真正地给你的顾客、社会带来良好的效益，你方可盈大利，也就是说利缘义取。"只要赚钱，弄点污染不要紧"的说法恰恰违背了道与术的位置，可以说是本末倒置。不管是经商还是做学问，只有抓住道，方能成就一番伟业。

访谈资料2（某冶金公司原料厂部门经理）：

不同意"只要能赚钱，弄点污染不要紧"的说法，因为企业盈利当然是我们的目的，但在形成污染的代价下赚钱，就只能说是眼前的利益，是短暂的盈利。污染之后你需要去治理的成本就会更大，不仅没盈利，没准反而会亏本呢。而且还对人类的生存环境、生命存在威胁，我们大多数人也都在这里生活，当然也不希望生产是造成污染的源头，所以怎么在生产的同时还能保护环境，我相信这是多数人在思考的问题。

可见，企业负责人在企业的生产实践中，在国家的推动和市场的考验下逐渐重视环境污染和治理的重要作用，扭转之前一切"向钱看"的唯利益至上的生态观。

"要环保就赚不到钱"这种说法认为环保和利润之间是对立的状态，要保护环境就没有利润。它的标准差是1.075，平均值是4.06，说明被试群体绝大多数不赞同这种说法，他们认为环保和利润之间不是对立关系，认为环保与经济发展是可以协调发展的。

访谈资料3（某能源开采公司采购部经理）：

……事情的发展总是双方甚至多方的一种博弈，当这种博弈成为静态博弈时，我们很多人能够看透其本质。但是，一旦这种博弈上升为动态博弈，那么很多的人就会舍大而取小。任何事情，尤其是多头的，在动态的制衡中总有一个均衡点，一旦这种均衡点被找到，那么任何的发展与利益取舍都是最大化的。对于企业来说，经济利益和环境保护并非对立的，企业领导应该带领企业找到平衡点。

访谈资料4（某热电厂技术工程师）：

……企业发展，没办法不污染环境。那就是企业发展肯定是得污染环境才成了。不同意。没有一个企业是想着我要污染环境才能发展的，再说了，政府也不能让你这么做。企业发展过程中，肯定是想降低生产成本，提高生产效率，获得最高的收益。的确有很多企业是在一定程度上产生了污染，像首钢，以前对空气的污染还是挺严重的，但这不是在产业结构调整呢吗。污染有，但是大家应该积极地采取技术和措施来改善吧。

在数据和访谈的交互印证下，可以推定公民普遍认为企业利益与环保之间不存在不可调和的矛盾，尤其是在积极倡导低碳经济、产业结构调整的当下，政策的支持、技术的进步，意味着企业完全可以走上一条环境友好型的发展之路。

"为了发展地方经济，对污染环境的企业可以睁一只眼闭一只眼"这种说法的态度是在利润和污染二者之中更倾向于利润的观点。为了发展经济，对污染的企业不加监管。它的标准差小于1，说明被试群体的意见比较一致，均值的代表性高。它的均值是4.35，均值也很高，说明被试群体不赞同为了发展经济和企业效益而破坏环境的做法。这表明被试群体普遍认为相比功利来说，道德更重要。

访谈资料，也说明了上述观点：

访谈资料6（某水厂环保部负责人）：

企业的经营离不开大环境的支持，外部环境的优劣直接制约着企业在下一步的转变与成长。没有一个好的环境支撑，任何企业的发展都将被瓶颈化。一旦政府施行强烈的行政干预，企业所付出的成本将不再是仅仅的治理成本。

访谈资料7（某五金厂生产部组长）：

现在大家都在讲低碳，讲环保。可见低碳环保已经成为了社会各界的共识，这并不是一个口号，也应该是整个社会共同努力的一个目标，低碳的产品有市场。另一方面呢，现在的环境已经被破坏得不成样子了，再污染的话后果非常严重，我们工厂旁边有农田，如果废水废料乱倒的话，农田很可能就不能再种植了。我们开企业的目标就是赚钱，但是作为一个企业应该要有社会责任感的，我们在赚钱的时候也会考虑各种社会问题，这其中就包括对周边环境的保护。有些人为了赚钱不顾环境、不顾能源，这是一种错误的价值观，也是不道德的行为。我们是一个有良知的企业，不会做这样的事情。

综上所述，被试群体对于利润和环保关系的看法较 90 年代以前有了较大的改变，利润不再是人们追求的唯一或最终目标，市场经济价值观也不再是主导人们经济行为的唯一尺度；相反，多数中国民众的经济价值观念已经发生了改变，他们认识到，不能牺牲环境而追求利润，这种市场经济价值观会导致人类生存环境的极端恶化，从而破坏人类的生存环境，导致人类的生存与发展危机。可见，人们已经充分认识到在发展经济的同时也应充分考虑环境保护的重要意义，人们的价值观由过去单一的发展市场经济转变为二者兼顾并向着更加多元的方向发展。

环境问题是世界各国共同关心的问题，把经济、社会发展同环境保护结合起来研究已成为国际社会的共识。传统观点认为，经济发展必然要导致污染，经济发展与环境保护是相克的、矛盾的，要发展经济就必须承受环境污染的代价。许多国家尤其是部分发达国家的发展历程似乎也印证了这一点，几乎都采取了先发展经济，后治理环境的做法。但这并不能作为后起国家借鉴的样板。当时各发达国家是在资源相对充足的情况下实现经济快速发展的，经济发展及人口扩张对环境的压力相对较小，环境威胁是潜在的。但目前，世界经济经过上百年的发展历程，环境资源供给相对减少，环境资源的稀缺性日益突出。因此，先污染后治理的道路已走不通，不保护环境资源，经济根本无法实现发展。

随着我国政府、国民对环境污染的亲身体验和环境保护需求及意识的提高，对我国人均占有资源十分匮乏的国情认识的提高，政府及国民已经有了一个共识，即西方发达国家在工业化过程中走的"先污染后治理"的老路不适合中国国情，也不符合当今世界环境与发展的潮流。现代观点认为，经济发展与环境保护之间可以实现协调发展，可以将环境保护纳入经济发展体系之内，将其作为一种产业来经营，使经济主体能够从治理污染、保护环境中受益，与其利润最大化的目标相一致，这样可以使保护环境成为人们一种自觉自利的活动，实现环境保护与经济发展从相克到相生的转变，最终实现经济发展与环境保护的双赢。

此次调查结果表明，在工业化的过程中怎样处理好经济发展与环境的关系，把环境保护与经济社会发展有机地统一于现代化建设中，已经是当下中国公民思考的问题，也是当下中国公民价值观中极为突出的部分，利润与环保兼顾观念的确立，势必会影响人们的行为，相信据此而将观念转变为人们的惯习、行为规范并从文化的角度加以倡导，同时制定的相关政策及制度安排将会得到大多数中国民众的支持与践行。调查分析结果显示，当代中国人不再认同"市场经济规律决定先污染后治理"的经济发展道路。这一曾长期充斥着人们大脑的经济生态价值观如今正在成为历史。

2. 利益与治理：群体利益让位于公共利益

无论我们承认与否，我们都会发现，人的行为背后隐藏着一个最本质的东西——利益，它是人们的欲望和需求的满足。利益是个人欲望与需求的满足，群体利益则反映着群体中大多数成员或者部分权利控制者的利益，一般来说，群体利益综合了不同群体中大多数人的需要和意愿。

群体利益在我国往往体现在行业、部门、企业或社会阶层之间，特别是在单位制下所形成的单位群体往往也是利益群体。改革开放以来，虽然社区制正在或者已经替代了单位制成为社会主要的组织形式，但其仅限于社区层面，在收入、福利、社会地位、社会权力、社会阶层等诸多方面，单位群体之间仍然有着较大的差异，"单位利益群体"仍然是目前群体利益的主要存在形式。

以往的调查表明，"单位群体利益"是阻碍或促进环保和治理污染的主要影响因素之一，人们往往将群体利益放在环保之上，其中多数人认为"利益与治理"就是一对对立的关系。研究表明，利益与污染的关系其实是利益的分配问题，是眼前利益与长远利益的关系，其利益的实现既需要个人利益做出一定让步，也需要某些群体作出牺牲，从而在整体意义上保护个人与群体利益。本研究设置了 3 道题来考量人们对于二者的态度，通过数据分析，描述当下中国国民对个人利益和群体利益的认识，从而推断中国国民价值观中的利益观。

表 2—1—9　利益（个人与群体）与污染选项的平均值与标准差统计结果

	平均值	标准差
−2. 先把经济搞上去，再治理污染	4.11	1.103
−4. 不是自己污染的环境，做环保不划算	4.11	1.100
+5. 买到被污染的产品，我一定要讨个说法	3.87	1.052

"先把经济搞上去，再治理污染"的态度是负面的，它是将经济利益的实现放在了牺牲公共利益之上，如果是地方、企业或者部门为主体，则就是将公共利益置于群体利益之后，从实质上来讲，这是一种群体利益至上的心态。该题分析结果显示，多数人不同意此观点。访谈资料也证明了这一观点现状。

访谈资料 1（某能源公司人力资源主管）：

这种模式是典型的出力不讨好，过把瘾就死的模式。先污染，虽然能够在短时间内大大降低企业成长的成本，在较短的时间里达到原始财富的积累，但是再治理的理念就会大大扩大企业的成本。同时，环境的污染会导致政府对企业经营的行政性的干涉，故而对企业的发展是极为不利的。

访谈资料 2（某冶金公司原料厂部门经理）：

这种模式不科学，相对于建立和完善处理污染的系统，你说的这种模式代价大，成本高。但是引进先进的生产工艺或者改变生产模式，或者如我们尾矿再选回收设施虽然会提高成本，但是它的收益远远大于它的付出，这些年也的确已见成效。但是先污染再治理的话，在污染的同时还会带来一些意想不到的破坏，不光对企业，对整个生态都会形成一个不可弥补的危害。

　　访谈资料也再次说明，更多的人认识到无论是出于企业发展、社会责任还是追求利润，"先污染后治理的老路"已经行不通了，粗放的、高耗能的生产所带来的损失不仅仅在于损害了公共利益、地方利益，也损害了企业的长远发展利益，在诸多因素的综合制衡下，经济发展应该综合考虑各利益关系，以维持经济增长和环境保护的良好互动关系。

　　"不是自己污染的环境，做环保不划算"的态度强调了个人或群体利益高于公共利益的态度取向，如果不是自己污染的环境，做环保会影响个人利益，不划算。该说法的标准差为1.100，标准差稍大于1，说明人们的态度相对分散，较高的均值表明大多数人不赞同这种说法，认为即使不是自己污染的环境也要做环保，虽然有分歧，但是说明人们开始重视公共利益。

　　访谈资料3（某能源开采公司采购部经理）：

　　……不同意"不是自己污染的环境，做环保不划算"的说法，一方面，这是大家共同的生存环境，每个企业、每个人都有责任来维护、保护它，我不污染，我也不保护，那这个环境还是在遭受污染，生存在其中的我肯定也不舒服。另一方面，不是有"GDP的绿色牵引力"这么一个说法吗，单单从企业本身来讲，做环保不但划算，而且可以树立一个积极的企业形象，我个人是觉得挺好。

　　访谈资料4（某热电厂技术工程师）：

　　要都这么想（即认为"不是自己污染的环境，做环保不划算"），那就没有人做环保了。做环保不是划不划算的问题，是个责任问题。就算不是企业，个人也应该做环保啊。大家都生活在同样的环境中，不污染就不做环保是不负责任的说法。每一个企业都应当有这种担当，在做企业的时候尽量节能减排，响应国家号召。有能力的企业去做环保我觉得是非常好的事，一个企业的影响力还是比个人做环保来得大一些。大部分企业还是要做好自己内部的调整，现在流行的说法是打造花园式工厂，提高企业内部的环境质量，也算是做环保的一部分吧。

问卷设置了"买到被污染的产品，我一定要讨个说法"这个题目，主要侧重考察人们是否会更加关注个人利益受损，且关注到何种程度。该题的统计结果显示标准差大于1，说明观点并不是很统一，因此，平均值的代表性也相对较弱。根据数据分析，可以推断，当个人利益受损时，多数人选择的答案是介于"说不清"和"比较赞同"之间。由此可见，当下中国国民对于维护个人利益的意识虽然正在觉醒，但程度差异较大，自我保护意识并不是很强，特别是当个人利益被侵害时，并不是多数人都会讨个说法，或者说，多数人不知道怎样讨个说法，并且在这个问题上意见分歧比较大。

通过上述分析可以得出以下结论，当前，大多数国民认为公共利益、群体利益和个人利益是相互关联的，当环境污染涉及个人利益、群体利益和公共利益时，应该维护公共利益，而当个人利益受损时，用"一定要讨个说法"的方式来维护个人利益并不是很好的选择，而群体利益是公共利益的一部分，不应该高于公共利益。以上分析说明，当前，在中国国民的价值观念之中，公共利益被看作最高的利益，其次是群体利益，而对个人利益的维护并不具备很强的信心，这说明被试群体在利益与环境污染治理的关系上，倾向于公共利益的保护。与西方相比，国人观念中的公共利益与西方虽有差异，但是，公共利益至上的观点与中国文化传统中的"集体主义"是相关联的，尽管今天的青年人越来越倾向于个人主义，但此调查数据清楚地表明，目前，中国人仍然是集体观念占主位，关注群体利益，最后才是个人利益，且对个人利益的维护关注不足。

3. 功利与道德：企业效益让位于社会利益

功利与道德的关系，用我们先祖的话来讲就是"利和义"的关系，可见这是一个古老的命题，由来已久。关于"利和义"的关系，在我国的传统观念中有着十分清楚的规范，如："君子爱财，取之有道"；"见利忘义，小人也"；"先义而后利者荣，先利而后义者辱"（《荀子·荣辱》）；等等。近代以来，传统的利义观虽然被打破，但是人们在强调获利合理性的同时，也强调其与道德之间的关系，强调企业、个人获利合理性的同时，也强调其所应该肩负的社会责任。因此，功利与道德这个古老命题的现状仍然是衡量国民价值观念的一个重要指标。

在现代科学知识的视野中，所谓功利，是指与事物、功劳所对应的价值、效益、报酬。对个体的功利而言，它可以表现为纯精神的自豪感，也可以表现为纯物质的奖励，更可以表现为二者兼有。同理，如果一种功劳，对应于恰当的物质奖励和荣誉，也是无可厚非的。但是我们也可以看到另一种情况，如果功利对应的比例失调，就会出现利大于功的情况；比例失调越大，对公共利益的侵害程度就越大。这样，功利就直接触及道德问题（法律是道德的底线）了。由此可见，道德的核心是一种公共利益（从这个角度上讲，"功利和道德"的关系也可以说成是"利己"、"利人"的问题）。所谓道德，就是把个人利益和公共利益结为一体，在二者发生冲突的特殊情况下，牺牲前者服从后者的一种自觉的认识和行为。没有这种自觉的认识，就不会有真正意义上的道德行为（所谓良心，正是一种不自觉的道德）。那么很自然，所谓不道德，就是损公肥私的行为。

我们知道企业的发展需要良好的企业效益。企业效益是指一定企业资本取得的利润或利润税金，其效益好坏则是两者比例的大小。对企业来说，企业经济效益是企业一切经济活动的根本出发点。提高经济效益，有利于增强企业的市场竞争力。企业要发展，必须降低劳动消耗，以最小的投入获得最大的效益。只有这样，才能在市场竞争中不被淘汰，获得发展。但是，受社会发展所规定，企业同时还具有一定的社会责任，企业承担社会责任的不同形象构成企业的信誉和形象，是企业品牌的一个重要组成部分。因此，在经济生态价值观层面看功利和道德的关系，实质上是企业、部门、行业的利益与社会责任之间的关系，也是生态价值观的外在表现。

　　企业的社会责任是指企业在创造利润、对股东承担法律责任的同时，还要承担对员工、消费者、社区和环境的责任。企业的社会责任要求企业必须超越把利润作为唯一目标的传统理念，强调要在生产过程中对人价值的关注，强调对消费者、环境、社会的贡献。

　　20世纪80年代，企业社会责任运动开始在欧美发达国家逐渐兴起，它包括环保、劳工和人权等方面的内容，由此导致消费者的关注点由单一关心产品质量，转向关心产品质量、环境、职业健康和劳动保障等多个方面。一些涉及绿色和平、环保、社会责任和人权等的非政府组织以及舆论也不断呼吁，要求社会责任与利益挂钩。迫于日益增大的压力和自身的发展需要，很多欧美跨国公司纷纷制定对社会作出必要承诺的责任守则（包括社会责任），或通过环境、职业健康、社会责任认证应对不同利益团体的需要。企业社会责任之一是企业应对环保问题未雨绸缪，主动承担环境保护责任，推进环保技术的开发与普及。

　　在公众的视野中，生态环保问题中的功利与道德是企业和个人价值观念的一个重要组成部分。以下量表中的4道题，就是重点考量被试群体关于功利与道德的态度，量表如下：

表2—1—10　功利与道德选项的平均值与标准差统计结果

	平均值	标准差
−6. 人只要有钱，就能活得很幸福	3.67	1.234
−7. 污染了环境，交点费用就心安理得了	4.19	1.051
+8. 无论为了什么，都不能污染环境	3.89	1.213
−9. 污染了环境能瞒就瞒	4.35	0.897

　　"人只要有钱，就能活得很幸福"这种说法认为金钱是幸福的源泉，考察人们对于功利与幸福的认识，分析人们的幸福观。如上所述，该题标准差为所有题目之最大，说明人们在这一问题上产生了严重的分歧，观点非常不一致，且多数人认为对这种说法介于说不清和比较不赞同之间，说明了被试群体不赞同"功利性"的幸福观，同时也说明当下多数中国人对幸福与金钱关系的认识并不十分确定，甚至可以说比较混乱。

　　"污染了环境，交点费用就心安理得了"这种说法认为环境污染可以用钱来补偿，说明对环境污染的不可逆性认识不足，同时也能够考量功利与社会道德之间的关系。该题数据分析结果显示，绝大部分人认为，环境污染不能用钱来补偿，用金钱补偿环境污染的办法是一种不道德的功利主义做法。

　　"无论为了什么，都不能污染环境"，该观点曾经是"环境中心主义"的写照，以生态为先，任何理由都不能成为污染环境的借口，特别是因获利而污染环境是环境中心主义所唾弃的。通过该题数据分析结果我们看到，人们在这一问题上的意见分歧较大，多数人选择了"说不清"和"比较不赞同"的答案，说明被试群体认为在某些利益面前，环境保护可以让步，绝非完全不可以为之。这一结果表明，我国国民多数为"人类中心主义"观点持有者，认为人类才是环境的主人，环境是为人类所用。

　　"污染了环境能瞒就瞒"，这种观点曾经是我国经济起飞初期部分企业所采用的方法，反映出一个时期内企业对"功利与道德"关系的看法，即以掩耳盗铃的心态、不负责任的态度、投机取巧的方式处理污染问题，是典型的只考虑功利，不考虑社会责任；只考虑群体利益损害公共利益；只考虑利益不承担社会责任的做法。这一做法给环境带来很大的负面影响。此次调查数据分析结果显示，标准差为所有题目之最小，为0.897，均值为4.35，说明被试群体十分一致地选择不同意和比较不同意该观点，非常一致地反对"隐瞒环境污染的行为"，数据的一致性和非常强烈的代表性，反映出我国国民对之前造成我国环境污染的这种行为的痛恨，对见利忘义、只顾功利不顾道德行为的唾弃。

在访谈资料中，企业的各级负责人和工作人员也都表达了主动承担企业社会责任，尤其是环保责任的认识和态度。

访谈资料 4（某热电厂技术工程师）：

不管是不是进入了后哥本哈根时代，环境保护理应得到全世界各国的重视。就如我刚才说，环境保护是责任问题。大家生活在同一个地球上，都应当承担相应的责任。至于各国承担的责任的程度我不想去评论，就中国而言，理应承担起一个大国的责任。再谈到企业的责任，还是要有环境保护的意识吧，和生产同步的。

访谈资料 8（某纺织企业销售部助理）：

我们开企业的目标就是赚钱，但是作为一个企业应该要有社会责任感的，我们在赚钱的时候也会考虑各种社会问题，这其中就包括对周边环境的保护。有些人为了赚钱不顾环境、不顾能源，这是一种错误的价值观，也是不道德的行为。我们是一个有良知的企业，不会做这样的事情。

访谈资料 9（某饮料厂市场部经理）：

这个说法（"先污染后治理"）我不怎么同意，老话常说：前人种树后人乘凉，我们现在破坏环境的恶果是要我们的后代承受的。总之我是不同意这个观点的，做人要对得起自己的良心，对得起子孙后代啊。

访谈资料 10（某机电厂办公室主任）：

很多东西是具有不可逆性的，生态环境有其承受力，但是一旦超过其承受的阈值就难以恢复的了，如果我们不想留给自己的孩子一个残破的地球，就应该有这个责任心和行动力去减少污染，甚至实现零污染。

综上所述，在功利和道德之间，从前主导人们污染环境的效益观的主导作用正在"后撤"，特别是对企业片面追求效益的行为为绝大多数人所不齿。被试群体的绝大多数人认为所谓效益最大化的追求，是功利最大化的追求，其不能够取代社会责任。对见利忘义、只顾利益不顾道德的追求效益的行为十分痛恨与唾弃。同时认为金钱不是万能的，其与幸福之间的关系比较复杂，但不是幸福的源泉。从可持续发展的角度来看，功利主义的企业经营模式，只能给环境和社会带来负面效益，也影响企业的信誉造成其不良形象，而导致其效益的降低，企业只有主动担当起社会责任才能获得更好的效益。被试群体对"隐瞒环境污染的行为"，一致强烈反对，但认为并非任何情况均不能污染环境，目前我国国民多数为"人类中心主义者"，认为人类才是环境的主人，环境是为人类所用。

（四）结论：强调社会责任的经济观

功利主义，即效益主义，是在西方影响巨大的伦理学说，其原则是"最大多数人的最大幸福"，以行为的实际功效或利益为判断行为正当与否的标准。其代表人物有英国哲学家兼经济学家约翰·史都华·米尔、杰瑞米·边沁等。

功利主义认为，人应该做出能"达到最大善"的行为，所谓最大善的计算则必须依靠此行为所涉及的每个个体之苦乐感觉的总和，其中每个个体都被视为具有相同分量，且快乐与痛苦是能够换算的，而痛苦仅是"负的快乐"。不同于一般的伦理学说，功利主义不考虑一个人行为的动机与手段，仅考虑一个行为的结果对最大快乐值的影响，能增加最大快乐值的即是善；反之即为恶。边沁和米尔都认为：人类的行为完全以快乐和痛苦为动机。米尔强调：人类行为的唯一目的是求得幸福，所以对幸福的促进就成为判断人的一切行为的标准。

以往的调查表明，工业革命以后，功利主义的经济观曾长期主导着人们对生态环境的态度。在此次"生态与经济"关系的调查中，我们发现，市场经济价值观在利润与污染的关系中不再起主导作用。而在利益与治理污染方面，则以公共利益为主的集体主义占主位，而个人利益的维护仍然被忽视。在功利和道德的关系中，效益追求不再是人们和企业行为的主要导向，社会责任被认为是个人与企业应该承担的责任之一。

从以上结论可以看出，被试群体的经济生态价值观呈现如下特征：

第一，"人类中心主义"占主位。认为大自然是为人所用的，因此，环境污染可以视情况而定，并非绝对不可为之，而需视人类自身发展的需要而定。

第二，"集体主义"占主位。认为公共利益高于个人利益，自我保护意识不强。被试群体一致关注公共利益的被侵害，一旦环境污染侵害了个人利益则认为要讨个说法，但分歧较大。群体利益退居公共利益之后。

第三，"义大于利"的社会责任观占主位。认为治理污染、环境保护是每个公民的基本责任。被试群体强烈反对污染了环境而不承担责任的行为，不管是以什么为借口。

第四，不赞同中国走西方"先发展，后治理"的老路，其中，城市居民的态度最为强硬居首，农村居民较为温和居于末位。一致认为赚钱与污染环境之间没有直接的因果关系。

第五，排斥"拜金主义"幸福观。被试群体不认同"有钱就能活得幸福"，在"金钱与幸福的关系"上意见不一致。

此次调查结果，体现了当代中国居民对于"经济与生态"之间关系的看法。他们不再认同"经济发展是首要任务，市场经济规律决定先污染后治理"的经济发展道路。这一曾长期充斥着人们头脑的功利主义经济观如今正在成为历史，新的生态经济价值观正在形成。

第二篇　政治与生态

（一）本篇导言

生态环境问题是一个全球性的问题，环境危机的解决绝非几个国家所能完成，而是需要整个人类社会共同完成，因此，国家之间的协作就成为一个必不可少的重要途径，从这个意义上来说，国家在解决环境问题中的角色至关重要。研究发现，个体生态价值观的形成和改变受其所在国家和民族的政治信念、政治体制、政治制度的影响，也就是说民族国家对于其国民的生态观有着决定性的作用，其政治生态观是国民生态观、价值观的一个重要组成部分。

从中国来看，环境保护问题已成为制约我国现阶段社会可持续发展的一个关键环节。面对严峻的环境形势，中国政府采取了一系列措施，从国家发展的层面，在"十二五"规划纲要中提出了坚持把建设资源节约型、环境友好型社会作为加快转变经济发展方式的重要着力点。将节约资源和保护环境定位成基本国策，节约能源，降低温室气体排放强度，发展循环经济，推广低碳技术，积极应对气候变化，促进经济社会发展与人口资源环境相协调，走可持续发展之路成为我国政治信念的一部分。随着国家与环保事业推进的紧密关系发展，政治直接影响了我国公民对环保权利、环保责任和环保利益观念的形成与变迁。鉴于此，本调查设立政治生态量表，从政治与生态的关系出发，调查研究我国公民的政治生态价值观现状，从而，使我国公民生态价值观调查更具完整性与科学性。

本次调查设计了政治与生态相关的调查项。意在通过对"政府与个人"、"国家与民族"、"组织与阶层"三对关系的考量，考察被调查者的政治生态观，从而全面研究当下中国公民的生态价值观。经统计分析，结果如下。

（二）本篇数据分析

1. 原始问卷中"政治与环境"量表分析

政治与生态的量表在原始问卷中为 E 量表，原表如下。

E. 下面是关于"政治与环境"方面的一些说法，您是否同意这些说法？请在与您观点一致的选项内打"√"。

问题	非常赞同	比较赞同	说不清	不太赞同	不赞同
－1. 社会发展与环境保护没有办法两全其美	1	2	3	4	5
－2. 环境保护工作，政府管得越多越好	1	2	3	4	5
＋3. 只要是环保的事，无论大小我都有权发表意见	5	4	3	2	1
＋4. 国家就应当禁止个人开煤矿	5	4	3	2	1
－5. 外国企业污染了环境应该加倍制裁	1	2	3	4	5
＋6. 外国人在中国做环保是好事	5	4	3	2	1
＋7. 社会地位越高的人越应该做环保	5	4	3	2	1
－8. 发展中国家可以对环境保护少负点责任	1	2	3	4	5
－9. 环保指标在工作考核中可有可无	1	2	3	4	5
－10. 环境保护主要是靠环保组织来推动	1	2	3	4	5

以上量表中答案选项分为正赋值和负赋值两种，其中正赋值选项答案从"不同意"到"同意"，赋值为 1、2、3、4、5，负赋值选项答案从"同意"到"不同意"赋值为 1、2、3、4、5。故正赋值选项得分越高（＞3），则表示被试群体越同意问题中的说法，

反之则越不同意；负赋值选项得分越高（＞3），则表示被试群体越不同意问题中的说法，反之则越同意。量表中标准差表示被试群体在某一问题上观点的差异程度，标准差值越小，则表示被试群体在某一问题上的观点越集中；标准差越大，则表示被试群体在某一问题上的观点的差异性越大。

　　2. "政治与环境"量表的数据分析

　　对"政治与环境"原始量表的分析主要包括百分比统计、平均值、标准差分析及相关分析。通过对问卷不同答案的得分进行平均值、标准差和百分比统计的分析，并将答案得分和其他变量做相关分析，得出以下答案。

表 2—2—1　　E 量表数据赋值与平均值、标准差分析结果

问题	平均值	标准差
−1. 社会发展与环境保护没有办法两全其美	3.69	1.160
−2. 环境保护工作，政府管得越多越好	2.94	1.297
+3. 只要是环保的事，无论大小我都有权发表意见	4.04	0.923
+4. 国家就应当禁止个人开煤矿	3.93	1.125
−5. 外国企业污染了环境应该加倍制裁	2.45	1.395
+6. 外国人在中国做环保是好事	4.28	0.916
+7. 社会地位越高的人越应该做环保	4.08	1.080
−8. 发展中国家可以对环境保护少负点责任	3.83	1.177
−9. 环保指标在工作考核中可有可无	4.24	0.983
−10. 环境保护主要是靠环保组织来推动	3.67	1.267

　　以上"政治与生态"关系量表共设立 10 道题。其中第 1、2、3 题从社会、个人、政府三个角度分别考察了被试者对环保权利与责任的看法；第 5、6、8 题则考察了被试者对不同国家之间环保责任、义务的看法；第 4、7、9、10 题则考察被试者对个人、组织及不同阶层之间环保责任、权利及义务的看法。通过以上量表把握被

试者对环保权利、责任、义务的认识与态度。

　　具体分析如下：

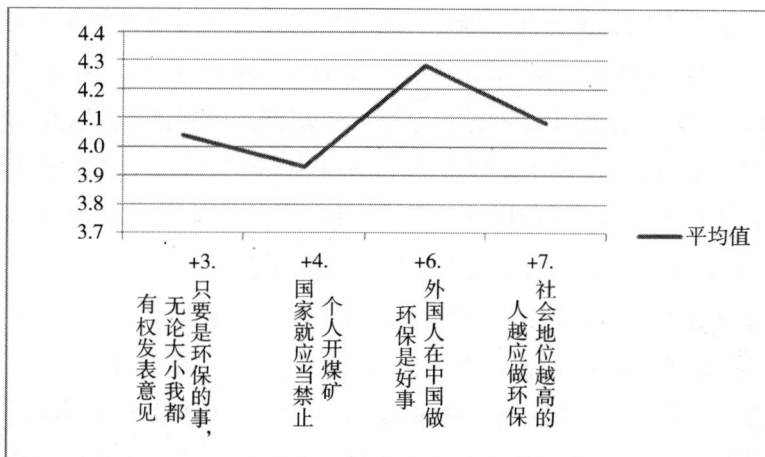

图2—2—1　"政治与生态"关系量表正赋值选项的答案在"赞同"和"比较赞同"的选项

　　第一，"政治与生态"量表中，正赋值选项的平均值为 3.93—4.28，负赋值选项的平均值为 2.45—4.24，从均值来看，被试群体对于政治和环境之间的关系有了自己的认识，虽然仍然有部分被调查者选择了"说不清"的答案，但与以往调查相比，被试群体对环保的责任、权利、义务有了较明确的态度和观点。总的来看，被试群体比以往更为关心环境问题，更为关注环境保护中不同个体、阶层、组织及不同国籍的责任、权利和义务等问题。具体来看，第3、6、9题的标准差最小，分别为 0.923、0.916、0.983，说明被试群体在这三个问题上观点比较一致，这些题的平均值代表性较强。而第 2、5、10 三题的标准差分别为 1.297、1.395、1.267，说明被试群体在这三个问题上观点差异性较大，这些题的平均值代表性较弱。其余则居中。

　　第二，被试者对正赋值选项答案的选择非常接近，且主要选择的答案集中在赞同和比较赞同两项上，说明被试者同意正赋值题的观点，具体如下：

+3. 只要是环保的事，无论大小我都有权发表意见

该题为正赋值，从5—1分别表示非常赞同、比较赞同、说不清、不太赞同、不赞同。因此，得分越高，说明赞同该观点的人越多，态度越鲜明。统计显示，该题平均值为4.04，标准差为0.923，是10道题中标准差最小的一道题，说明被试者所选择的答案差异最小，且非常接近平均值，而4.04的平均值又说明绝大多数人选择了非常赞同和比较赞同的选项，即绝大多数被试者赞同"只要是环保的事，无论大小我都有权发表意见"的观点。通过该组数据分析可以推断：被试群体认为，在环保事业中，每个人都有权利主张自己的权利，每个人都有关心、参与、监督环保的权利、责任和义务，个人对政府环保政策的制定、环保工作的管理和执行有知情权和参与权；对比以往调查结果，从另一个侧面反映出我国公民的环保意识、参与意识，特别是主张权利的意识有了很大的提高与增强。

+4. 国家就应当禁止个人开煤矿

同上题一样，该题为正赋值，经统计分析，该题的均值为3.93，标准差为1.125。该题的标准差，在1以上，说明被试者对该题答案的选择趋于分散，且均值的代表性较弱。也就是说虽然多数人选择了非常赞同"国家就应当禁止个人开煤矿"。但同时也有相当部分的人选择了其他答案。从该题的数据分析可以推断，被试群体中大多数人认为国家在资源开发中拥有支配权，个人对资源的开发应该被禁止。该数据反映出我国公民对资源开发权利、责任、义务与环境保护之间关系的认识与态度；反映出对资源开发权力归属的认识和态度，即资源国有。

+6. 外国人在中国做环保是好事

同上第4题一样，该题亦为正赋值。统计显示，该题的均值为4.28，标准差为0.916，说明被试群体的观点非常一致，且接近均值，即绝大多数被试者认为"外国人在中国做环保是好事"。从选择这一观点的一致性来看，被试群体对于环境保护行为抱有开放的

态度，在这一问题上不会因为不同民族、不同国籍排斥其在中国的环保行为。与资源开发权力观相反，在环境保护权力观上，国家、民族，本国人、异国人均无特殊性，可以推断，被试群体不仅认为个人有权从事环保活动，而且认为外国人也有权在他国从事环保活动，其态度和认识表明，被试群体认为环保是好事，是一件不分国界人人有权在他国从事的有益活动。另一方面，也说明被试群体对在我国从事环保活动的人抱有善意，认为其行为对促进我国环保事业的开展有帮助。

+7. 社会地位越高的人越应该做环保

该题的均值为4.08，标准差为1.080，由于同为正向赋值，因此，说明被试群体中多数人选择了非常赞同的答案选项。但标准差在1以上，则又表明被试群体的答案选择相对分散一些，与均值的离散程度有一定的高度，也就是说对这一问题的认识存在着一定的分歧。这组数据说明，一方面，被试群体认为社会地位高的人，应该做环保，因为他们往往从环境中获取的资源也较多，其环境权利得到了更大的满足，理应承担更多的义务和责任。同时，社会地位高的人自身也具备做环保的优势、资源和能力，其引导环保行为的影响力也比较大。

这组数据是我国现阶段多元化平等观在环保问题上的体现，即：不同的社会阶层、不同国籍应该负有什么样的社会责任和义务，平等并非平均。

第三，被试者对负赋值选项答案选择比正赋值题目的答案选择分歧大，说明被试群体对负赋值题题目的看法比较多元，存在着一定的差异性。具体分析如下：

-1. 社会发展与环境保护没有办法两全其美

该题为负向赋值，从5—1分别表示不赞同、不太赞同、说不清、比较赞同、非常赞同。统计显示，该题均值为3.69，标准差为1.160，说明该题的答案选择趋于分散，与平均值有一定的差距，也就是说被试群体在"社会发展与环境保护没有办法两全其美"这个观点上有分歧，部分人同意社会发展环境问题是不可避免的代价，而部分人则不认为二者具有必然的联系，同样还有一小部分的被试者没有自己的观点和态度，选择了说不清。

这一答案的分歧显示出人们近年来观点的改变，对比以往调查将环境问题视为社会发展的副产品而不可避免，本组数据显示出人们的"可持续的发展观点"的变化，即比以往有更多的人认识到，社会发展与环境保护并非无法找到两全其美的办法，生态环境亦是社会发展的前提，社会发展和环境保护不可偏废其一，体现了人们对环境问题的正视和重视。

－2. 环境保护工作，政府管得越多越好

该题为负向赋值，从5—1分别表示不赞同、不太赞同、说不清、比较赞同、非常赞同。统计显示，该题均值为2.94，接近3分"说不清"的范畴，标准差为1.297，说明该题的答案选择不仅分散，而且平均值的差距较大，也就是说被试群体在"环境保护工作，政府管得越多越好"这个观点上分歧较大，部分人同意环境保护工作政府应该多管，而部分被试者则反对。同样还有相当部分的被试者没有自己的观点和态度，选择了说不清。

这组数据说明被试群体同意环境保护工作主要由政府来承担，但是又认为单靠政府的力量是有限的，不足以真正达到环保的预期目标，因此有相当的被试者认为并非政府管得越多越好，基本都赞同应当发挥社会各界的力量、调动起全民参与环保，才能使环保工作落到实处。

－5. 外国企业污染了环境应该加倍制裁

该题为负向赋值，从5—1分别表示不赞同、不太赞同、说不清、比较赞同、非常赞同。统计显示，该题均值为2.45，介于"比较赞同"与"说不清"两者之间，标准差为1.395，说明该题的答案选择比较分散，与平均值的差距较大，也就是说被试群体在"外国企业污染了环境应该加倍制裁"这个观点上分歧较大，部分人同意，而部分人则不认为二者具有必然的联系，同样还有相当部分的被试者没有自己的观点和态度，选择了说不清。

该答案选择现状说明了被试群体的态度偏向，整体上大家认为在环保这个问题上不论对何种性质的企业应当一视同仁，没有特权，没有特殊，充分说明被试者持很客观公平的态度对待不同性质的污染企业。

－8．发展中国家可以对环境保护少负点责任

该题为负向赋值，从 5—1 分别表示不赞同、不太赞同、说不清、比较赞同、非常赞同。统计显示，该题均值为 3.83，偏向于"不太赞同"的范畴，标准差为 1.177，说明该题的答案选择相对分散，与平均值的差距较大，也就是说被试群体在"发展中国家可以对环境保护少负点责任"这个观点上分歧较大，部分人同意，而部分人则不认为二者具有必然的联系，同样还有相当部分的被试者没有自己的观点和态度，选择了说不清。

该选择结果说明被试群体大多认为发展中国家不应因为经济发展上的落后而减少环境保护的责任，更不能以发展经济为借口不顾环境保护地先开发后治理。在发展经济的同时照顾到环境问题是发展中国家应尽的国际责任。

－9．环保指标在工作考核中可有可无

该题为负向赋值，从 5—1 分别表示不赞同、不太赞同、说不清、比较赞同、非常赞同。统计显示，该题均值为 4.24，介于"不赞同"与"不太赞同"之间，标准差为 0.983，说明该题的答案选择比较集中，与平均值的差距不大，也就是说被试群体在"环保指标在工作考核中可有可无"这个观点上分歧不大，绝大部分人都认为环保指标在工作考核中不能被忽略，环保指标应该作的考核中的重要指标项并且普遍意识到经济发展不能以破坏环境为代价。

－10．环境保护主要是靠环保组织来推动

该题为负向赋值，从 5—1 分别表示不赞同、不太赞同、说不清、比较赞同、非常赞同。统计显示，该题均值为 3.67，偏向于

"不太赞同"的范畴，标准差为 1.267，说明该题的答案选择比较分散，与平均值的差距较大，也就是说被试群体在"环境保护主要是靠环保组织来推动"这个观点上分歧较大，部分人同意，而部分人则不认为做到环境保护的预期主要依靠非政府部门的环保组织，同样还有相当部分的被试者没有自己的观点和态度，选择了说不清。

　　这一答案分析说明被试群体对环保组织推动环境保护工作不太赞同，结合第 2 题的得分情况来看（认为主要由政府来开展环保工作"说不清"），说明大家在环保到底依靠谁来落实这个问题上还是有一定的清醒认识，即不能只单方面依靠政府，或是主要依靠环保组织，真正达到环保的预期，应该依靠的是社会各界的齐心协力，公民个人环境素养的提高也是非常重要的一环。

（三）政治生态观的结构与内容

1. 政府与个人：注重个人参与的环保权利观

（1）强调个人权利的"环保权利观"

　　以上数据分析显示，人们的环保权利观念已发生了转变，人们对于个人的环保权利有了更高的认识，包括不同民族、不同国籍的个人，因此，调查显示，人们认为，无论是政府决策还是国家利益，只要涉及环保问题，人们都有权发表意见，参加、参与并实施监督。这对于我国来说，不能不说是一个很大的改变，人们已经认识到环境污染、生态破坏严重威胁到人们生态环保权利的实现；认识到环境资源的合理利用是保障公民环境权利实现的基础。人们在拥有享用良好环境权利的同时，也必须承担维护良好环境的义务。保护环境既是道义上的要求，也是具有法律性的义务。新的环境权利观，显示出我国国民对个人环境权利意识的提高及开放性，这与以往我国国民的环境权利观相比有着重要的改变。

　　访谈资料也佐证了这一结论。

访谈资料 33 （X 市环保局书记）：

问：您同意"人类是地球主人"的说法吗？为什么？

答：不同意，人类和地球上的其他生物都是地球的主人。人类只不过比其他生物拥有更高的智慧，会利用工具，因而占有统治地位。第二次世界大战后，社会生产力突飞猛进，机器的广泛使用，为人类创造了大量财富，人类的统治地位更加牢固，而工业生产排出的废弃物却造成了严重的环境污染。大量人工制取的有毒化合物进入环境后，在环境中扩散、迁移、累积和转化，不断地恶化环境，严重威胁人类和其他生物的生存。

人们惊奇地发现，在短暂的几十年时间内，工业的发展已把人类带进了一个被毒化了的环境中，而且环境污染造成的损害是全面的、长期的、严重的。人类开始认识到保护环境的重要性，20 世纪 60 年代起，在工业发达国家兴起了要求政府采取措施解决环境问题的"环境保护运动"。我认为人与其他生物之间应该平等相处，人类可以利用其他生物，但必须保证生物生存的基本条件，这是权利与义务的体现。

访谈资料 12 （C 小区居民）：

受访者：我觉得真正有意义的环保活动其实每个人都愿意参加，平时多注意一点就出来了。应该是政府、社区牵头、全社会共同参与的一个过程，就像全民健身那样的，毕竟环境好点生活得也舒心。

访谈资料 15 （C 小区居委会主任）：

受访者：环境保护不是可有可无的，也不是可以选择的，这项事业是个人、集体、企业、国家都应承担的责任，是公民的义务，政府的职责。我们不能单纯地把它看作一种公益活动。

访谈资料 21 （某村村民）：

问：你同意"人类是地球的主人"的说法吗？

答：我上学那会儿还都这么提呢，现在换说法儿了，是我们意识到这种想法是不对的。地球不是人类的，我们只有居住和使用权，人类也不是地球唯一的居民，不能侵犯其他生物的权利。这就好比地球是一栋楼，人类可能是其中的住户，可以住，但是不能改造其中的房屋结构，也不能不让其他生物入住，就是这样。

（2）强调政府主导的"环保治理观"

上述数据分析表明，现阶段我国国民认为资源国有，资源开发也应该由国家进行，而环保是每个公民的权利，但环境治理则应由国家主导、规划和实施。即政府通过立法，确立环境资源利用权，为环境资源的开发利用提出合法根据，并认为政府在环境保护实施工作中负有主要责任，起着主导作用。与以往调查相比较，在环境治理主体上，我国国民的观念并没有太大的变化，对环保组织的信任度不高，对国家仍有一定的依赖性。

访谈资料也佐证了这一结论。

访谈资料 33（X 市环保局书记）：

环保治理只能靠政府来抓。企业都以盈利为宗旨，让他们主动去增加投入处理污染是基本不可能的，尤其是中小企业。但只靠我们也是不够的。政府制定了规则，照样有偷工减料不上设备的，环保组织没什么威慑力，强制力还是要看政府。我们去做执法监督，很多还是要靠群众举报，因为不少污染企业总是在我们去执法监督的时候开那么一会设备，我们走了他们就万事大吉。所以执法靠政府，监督还是要依靠群众，走群众路线。

访谈资料 5（某公司生产部主任）：

虽然一般来说企业肯定是把发展看得比环保更重，但并不代表两者不能共存。当然，这可能也是要看行业的……像一些生产企业，想要既不污染环境又能有高收益，确实不太现实。但是我想政府部门可以通过一些政策来调节这个问题，就像科斯定理提到的，通过政策手段降低交易成本来使社会资源得到最佳配置，使这些企业的负担减低一些，也许可以既发展企业，又降低污染的程度。

2. 国家与社会：跨国家的环保责任观

（1）"跨国家"的全球化环保责任观

数据分析显示，中国国民并不认为作为发展中国家应该较少负有环境保护的责任，因为，在当前全球化的发展中，环境问题并非某一个国家的问题，也非某一个国家能够解决的问题，因此，无论是发展中国家还是发达国家均负有环境保护的责任。这一调查结果显示出，当前我国国民对于环保责任主体认识的多元化，认为环境保护需要全球共同参与，而不排斥外国人在中国做环保也印证了其新的环保责任观。

访谈资料也佐证了这一结论。

访谈资料8（某企业老板）：

受访者：发展低碳经济是中国应对全球气候变化的根本途径，也是国内实现科学发展、可持续发展的需要。中国发展低碳经济必须遵循现有的国际气候体制并力促形成更有利于发展中国家的新体制；要秉持公平、合理、可持续的原则，立足于国内发展，把发展低碳经济纳入可持续发展的框架；把政府的主导作用和市场的驱动作用结合起来；把能源高效利用和改善能源供给体系结合起来；要加快构建低碳产业体系；积极推动形成低碳的生活方式和消费模式等。我的企业作为国家企业肯定会以国家政策为导向接受政府的领导。

（2）"阶层化"的社会环保责任观

本次调查数据显示，被调查者中的大部分认为，环保责任与社会地位,特别是经济收益有密切的关系,社会地位越高的人或经济收入高的人,应该承担更多的环保责任。这与当下我国社会分化、社会阶层化有直接关系,表明人们认识到,社会阶层较高的人占有社会资源较多,享受更多的环境资源,满足更多的环境需求,因此,应该承担更多的环保责任。这也是我国国民价值观中平等观的一个反映。

访谈资料也佐证了这一结论。

访谈资料5(某公司生产部主任):

受访者:我国以前走高能耗、高增长的模式已经到了必须转型的时期,在现在加大推进能源结构方式转变是很有必要的。如果公司面临"低碳调整",公司会欣然接受,这是我们的义务。至于前提和底线,这方面我相信政府一定会有所兼顾,这点我是放心的。

(3)"行业化"的环保责任观

本次调查数据显示,被调查者中的大部分认为,企业承担环保责任具有合理性。企业作为社会中最主要的经济主体,在生产中产生的废气、废水、废渣等,会造成破坏生态平衡、污染环境、危害人体健康以及影响社会正常发展等不良后果,而且是否承担社会责任关乎企业的社会形象,是当今企业提高竞争能力的重要因素之一。在公众对环境等社会问题日益关注的今天,若企业有损环境的行为被公众知悉,会对企业的形象、声誉造成负面影响,势必有碍企业的长远利益,企业自身的经济效益也只是暂时的和低效的,因此,企业特别是高耗能的企业,理应承担起环保责任。企业承担环保责任具有可行性,实现企业经济效益和社会效益的双赢。

访谈资料也显示了同样的观点。

访谈资料5(某公司生产部主任):

受访者:在上面我已经说到,员工们尽量在无纸化办公,关闭不使用的设备。在这一方面，公司上下都有一个共识，那就是财富来自于社会。作为一个良好的企业公民，就应尽到自己的义务，为环境保护作出力所能及的贡献，使企业盈利和保护环境达到完美的平衡。

（4）"无国别化"的环保权利观与"国别化"的成本收益责任观

调查显示，多数国民认为外国企业污染了环境不应该加倍处罚，这一观点表达了国人对环保责任的国别观念，即认为环保的责任与国别无关。表面看来，这一观点似乎与开放的、跨国家的、全球化的环保权利观相一致，但高的标准差说明另有相当部分的被试者不同意这一观点，结合第7题与第8题的答案分析可见目前被试者对于环保权利与责任的观念是分层化的。在权力观上，由于环保的全球化性质，国人认为人人有责，不分国籍；国国有责，不分发达与发展。而在环保责任方面，则认为谁得到的多则应该承担的多，企业得到的多、消耗的多、污染的多，应该负有更多的责任。而外国企业使用非本国资源、污染非本国环境，相应的它不会影响到自己的生存环境，因此，在付出与得到方面，显然它得到的更多，相应地也应该付出更多的代价。两者并不矛盾，相反，是我国传统平等、公平观念的体现。

访谈资料也显示了同样的观点。

访谈资料20（某大学四年级学生）：

问：您认为发达国家是否应当比我们承担更多的环保责任？

答：是这样的，外企在中国产生污染应当被更严格地处罚。发达国家在我们之前就已经消耗了大部分世界资源，正是这种消耗和破坏才带给他们今天的辉煌，而我们只不过是处在当下，我们的发展才刚起步，我们不可避免地要污染、要破坏，他们已经是过去式，所以站着说话不腰疼，而且在如今的产业转移过程中，他们把污染大户都转移到发展中国家，他们自己却享受优美的环境和良好的生活条件，破坏的是我们的蓝天碧水，难道不应该多处罚他们吗？

访谈资料40（某小区居民）：

问：外企在中国产生污染是否应当被更严格地处罚？

答：外企在中国产生污染应当被更严格地处罚。他们本国不要他们，跑咱们这污染，却在自己国家享受，哪有这种好事？

3. 组织与阶层：跨阶层化的环保利益观

（1）"长远利益"的"跨阶层"、"跨组织"环保利益观

调查显示，当前国民最为唾弃的是短视的环境观，而更多的人认为经济发展与环保并不矛盾，相反经济利益和环境保护互为前提、相互促进；当前利益与长远利益相互促进，受益者的范围不应仅仅考虑当代人。与以往短视的利益观相比，这种长远利益的环保观十分难能可贵。访谈资料也显示了同样的观点。

访谈资料19（某变压器公司副总裁）：

问：谈谈您对三峡工程的看法？

答：听说三峡工程这个提案在人大审议通过前几经周折，为什么一个工程遭到了很多反对和质疑？现在看来是不无道理的。听说三峡工程开始兴建以后，四川当地的气候发生了变化，总是发大水，我不知道这种说法有没有科学依据，但是这么大的工程建起来说对环境一点影响都没有是绝对不可能的。我们在这个工程刚刚兴建时过分宣传它有利的一面（说能够抵御洪水、发电等），事实证明有些夸大。而且对当地一些植被以及生态也造成了影响，这就好像埃及的尼罗河水库建好后，一些水生鱼类无法回游了，尼罗河下游土壤也没有了肥沃的淤泥，肥力退化了，当然长江与尼罗河不同，但是道理是类

似的。丹麦填海造陆也是的，现在不就又退回去了。自然这么存在是有一定道理的，适度的利用改造没问题，但是不要大动。

访谈资料 26（研究所研究人员）：

"人定胜天"这种观念在生产力不太发展的历史时代是有其存在的理由的。那时，人类面对的主要任务是如何满足基本生活资料的需要的问题，而当今社会的现代性问题——诸如环境问题、资源问题等在那时还没有出现，因而发展的"天然合理论"在当时还没有彰显出它的危害性。那时，发展生产力，以解决人类生活资料的不足是人类的首要任务，发展生产力本身就是人类生存的基本需求。但是，在生产力高度发展的今天，在由人类自己亲手造成的各种困境和危机面前，人类面对的主要任务已经不再是基本生活资料的满足（如果不是由于一部分人过度的挥霍，我们人类今天创造的物质财富满足自己的基本生存需要是不成问题的），而是如何使我们的发展持续下去、以保证我们的子孙后代能够在地球上世世代代生存下去的问题。这时，发展的"天然合理论"就失去了存在的理由，表现出巨大的危害性。现在，我们所需要的，不再是那种以毁灭人类自身的生存条件（挥霍资源和污染环境）为代价的发展（包括生产力的发展），而是需要一种有评价、有约束、有规范的发展。这种发展是可持续发展；生产力也不再是评价发展及其人的实践行为的终极尺度，在生产力的后面，出现了一个更根本的尺度，那就是人类生存和发展的可持续性的尺度。

（2）"法制化"的跨阶层、跨组织环保利益观

本次调查数据显示，被调查者中的大部分认为，无论什么组织和阶段环保都应该作为其工作的考核指标之一。这说明，当前大多数人认为，环保利益应该是明确的、制度化的，应该是随着人们环保理念的增强，逐渐被法律化的只有如此才能保障各方的环保利益

不被侵害。

　　访谈资料也显示了同样的观点。

访谈资料 29（某照明公司老板）：

　　受访者：在一些能源利用率不高的企业可能会存在这个问题（环保利益）。但是在我们公司这种影响是很小很小的，在升级办公设备和规范公司员工的同时，也就达到了企业自我改良的目标之一，这种改变是很积极的，对企业发展不但不会有负面影响，相反会带来很多正面的影响，对于构建完善的企业文化有积极作用。

访谈资料 17（某造船公司工会主席）：

　　受访者：我个人认为这是一种短视的行为，因为后治理的成本实际上是非常高的，而且可能根本达不到效果，这是一种理论上的东西，实际实现起来是不可能的，还不如在之前好好想想办法。

（四）结论：追求公平的政治观

　　综上所述，我国的政治生态观正处在转变的过程中，数据和访谈资料清楚地表明，我国国民在生态权利观、生态责任观和生态利益观上抛弃了以往单纯依赖政府，忽视个人参与；重视行业群体利益，忽视国家利益、公共利益、全球利益；重视眼前，忽视长远可持续发展的生态价值观。而"政府主导，个人参与，全球视角的环保民主权力观"，跨阶层、行业、国别的环保平等观和制度化责任观念，重视长远利益、人类整体利益的环保利益观正在形成。无须回避，旧有的环保价值观念在当下仍然起着作用，这从一些问卷统计数据的标准差就能看出来，高标准差所反映出来的观点的不一致，在一些基本问题上"说不清"答案所占的高比例，相关分析中的高度不相关等，均说明我国的政治生态价值观正处在转变过程中，新旧价值观念之间激烈碰撞。但同时亦清晰可见，新的政治价值观正在取代旧的政治生态价值观念。

第三篇　文化与生态

（一）本篇导言

中国传统文化讲究人与自然的和谐相处，作为中国传统主流思想的文化的儒家、道家都讲究"天人合一"的理念和人生境界，其中就蕴含着传统中国人朴素的生态观。随着世界步入工业社会，西方现代的主体性思想涌入中国，"人是主体、自然是客体"，"改造自然"、"征服自然"的观念严重冲击着传统的生态观。无限制地开发和利用自然资源的结果，一方面促进了生产力的巨大发展，带来了生活方式的巨大变革；另一方面，造成水土流失、资源匮乏、气候异常、生态失衡等问题出现。人类的贪婪给自然带来了巨大的破坏，也严重威胁了人类自身的生存。面对着一个严重污染、资源逐渐枯竭的地球，西方社会在 20 世纪中期就出现了强烈的生态意识并发展为绿色环保运动，"系统论"、"耗散结构"理论等科学的理论学说，也对现代生态观的形成提供了有力的科学思想的支持。20 世纪末和 21 世纪初，我国公民也开始审视人的活动对于自然的破坏作用，以及人与自然如何才能"和谐相处"的问题。

文化本身具有非常丰富的含义。广义的文化是指由人类在改造客观世界的过程中产生的，不同于自然现象的全部的物质和非物质成果。狭义的文化，尤其是人类学研究的文化是由观念性或精神性的价值、信念和世界观构成。价值、信念和世界观是人们行为的理由而且反映在人们行为之中。文化为社会成员提供有序的生存方式，满足依赖其规则生存的社会成员的需要。文化的演进和发展，不仅有力地调节着社会成员的利益与社会整体利益的关系，使个人之间的关系得到协调，也有力地影响着人们与自然环境的关系。在人与自然的矛盾日益突出、生态环境问题不断涌现的今日，从文化视角切入，对转型期的我国公民生态价值观的考察，无疑具有重要的理论和实际意义。

公民生态价值观既和文化传统紧密联系，又是当今社会文化的组成部分。随着改革开放的深入和社会主义市场经济体制的逐步完善，人们的思想认识、价值观念、思维方式和生活方式日益多元化，加之世界范围内信息交换、流通的加快，文化不断更新转型，因此，在本次研究的阐述和分析中，不仅有对共性观念的解释，也将着重对差异性进行分析。而纷繁喧杂的现象和观念其实反映了转型期我国社会文化变迁的特征及其在生态价值观上的投射。本研究既在调查的基础上分析公民生态文化观方面的认知、行为和态度，又透过现象考察文化作为基础和前提对于公民生态价值观的影响。本次调查研究正是基于这种理念之上，设计了文化与生态的相关调查项，我们从对城乡生态发展的包容与排斥、生态权责中的罪恶与惩罚，以及消费文化中的节俭与靡费三对关系、三个角度考察被调查者的文化生态观。经统计，分析结果如下。

（二）本篇数据分析

1. 原始问卷中"文化与环境"量表分析

本次生态观调查针对人们如何看待"文化与生态"的关系设计了 F 量表，包括 10 项，其中 4 项为正赋值，6 项为负赋值，原始量表如下：

F. 下面是关于"文化与环境"关系的一些说法，您是否同意这些说法？请在与您观点一致的选项内打"√"。

问题	非常赞同	比较赞同	说不清	不太赞同	不赞同
−1. 把钱用在治理污染上，比用在环保宣传上更好	1	2	3	4	5
+2. 如果我知道某个企业破坏了环境，我就不买他的产品	5	4	3	2	1

问题	非常赞同	比较赞同	说不清	不太赞同	不赞同
-3. 满街捡垃圾的"环保者"挺让人讨厌的	1	2	3	4	5
+4. 浪费是件丢人的事	5	4	3	2	1
-5. 城市用的水和电多,农村用得少,这些差别很正常	1	2	3	4	5
+6. 极端天气越来越多,说明自然环境在变坏	5	4	3	2	1
+7. 就应该让污染环境的人倾家荡产	5	4	3	2	1
-8. "婚丧嫁娶"排场要紧,不用考虑环保问题	1	2	3	4	5
-9. 吃饭点菜要尽量多才有面子	1	2	3	4	5
-10. 人靠衣裳,马靠鞍,产品包装就应该尽量豪华	1	2	3	4	5

以上是"文化与环境"关系的量表,量表设置 10 道题来考察被试者的文化生态价值观,其中考察被试者对于城市与乡村生态发展"包容与排斥"观点的选项为 F5,此项考察还需结合"经济与环境"的 C 量表（参照经济与生态的分析部分）;考察被试者关于生态权责文化中"罪恶与惩罚"看法的选项有:F1、F2、F6、F7;考察被试者关于消费文化中"节俭与糜费"看法的选项有:F3、F4、F8、F9、F10。三个部分问题关系密切、交叉隐含,以期相互印证。

2. "文化与环境"量表的数据分析

主要对"文化与环境"F 量表中所收集上来的数据进行了赋值并进行了平均值、标准差和相关性方面的分析,数据分析结果如下:

表 2—3—1　　　"文化与环境"量表平均值与标准差

	平均值	标准差
－F1. 把钱用在治理污染上，比用在环保宣传上更好	2.93	1.384
＋F2. 如果我知道某个企业破坏了环境，我就不买他的产品	3.56	1.119
－F3. 满街捡垃圾的"环保者"挺让人讨厌的	3.93	1.186
＋F4. 浪费是件丢人的事	4.12	1.064
－F5. 城市用的水和电多，农村用得少，这些差别很正常	3.03	1.314
＋F6. 极端天气越来越多，说明自然环境在变坏	4.10	1.015
＋F7. 就应该让污染环境的人倾家荡产	3.22	1.313
－F8. "婚丧嫁娶"排场要紧，不用考虑环保问题	4.19	1.005
－F9. 吃饭点菜要尽量多才有面子	4.24	0.988
－F10. 人靠衣裳，马靠鞍，产品包装就应该尽量豪华	4.28	0.980

　　为了统计方便，我们将"文化与环境"量表中的 10 个问题分别赋予正、负值，其中正赋值的观点为正向，正赋值选项答案从不赞同到非常赞同，赋值为 1、2、3、4、5，负赋值观点为负向，负赋值选项答案从非常赞同到不赞同赋值为 1、2、3、4、5。故正赋值选项得分越高（＞3），则表示被试群体越同意问题中的说法，反之则越不同意；负赋值选项得分越高（＞3），则表示被试群体越不同意问题中的说法，反之则越同意。

　　平均值指全体调查对象的观察值总和除以调查对象总数得到一个平均值，平均值主要描述平均水平。平均值越高，则表示被试群体同意问题中的说法且观点越明确，反之则明确不同意问题的观点；负赋值选项的平均值越高，则表示被试群体不同意问题中的说法且观点明确，反之则同意且观点明确。

　　标准差是对平均值离散趋势的测量，表示被试群体在某一问题上观点的差异程度。标准差值越小（0.8、0.9 左右），表示被试群体在某一问题上的观点越集中；标准差越大（1.1、1.2 左右），其产品则表示被试群体在某一问题上的观点的差异性越大。

1. 平均值分析

根据表 2—3—1 中数据分析得出的平均值：量表中正赋值选项的平均值为 3.22—4.12，负赋值选项的平均值为 2.93—4.28。这说明如下问题：

（1）被试群体对于"文化和环境"之间的关系已经有了自己较明确的态度与观点。

在对"文化与环境"关系认识的考察中，除去 F1 选项赋值的平均值为 2.93（<3）之外，其他选项赋值的平均值均 >3，对于不同观点的看法虽然有差异，但是"说不清"（=3）的情况较少。这说明被试群体对"文化与环境"关系都有了自己的、较为明确的认识和态度，现代文化生态观正在形成中。而某些稍具差异性的观点说明，也证明了文化，尤其在传统文化和现代文化的碰撞和冲击下，我国公民文化生态价值观所具有的复杂性和多样性。

（2）被试群体普遍不认同破坏生态、污染环境、浪费的行为，并认为污染环境应承担相应后果，甚至受到一定责罚，而近些年的气候异常也被认为是人类破坏环境的代价。但是对于破坏生态环境行为的惩罚态度上，被试群体意见不一致。

在 10 项调查中，4 个正赋值选项的平均值为 3.22—4.12，如前所述，正赋值选项的分值越高则说明被试群体越赞同，反之则说明越不赞同，因此对于"文化与环境"量表的正赋值选项内容，被试群体基本表示赞同，以下将进行逐一说明：

选项"+2. 如果我知道某个企业破坏了环境，我就不买他的产品"

该题平均值为 3.56，标准差为 1.119。平均值 3.56，说明被试群体的态度倾向于"说不太清"和"比较赞同"之间，基本上认为不会购买造成环境污染的企业的产品。而标准差 1.119 偏高，说明被试群体意见分散，反映了企业的环保作为正逐渐成为影响消费者选购其产品的因素，部分消费者已经开始通过消费购买行为支持企业的环保行为、反对破坏行为，但其并非消费者选择的主导因素，也并非被绝大多数消费者所认同。

选项"+F4. 浪费是件丢人的事"

该题的平均值为 4.12，标准差为 1.064。平均值 4.12 说明被试群体倾向于"比较赞同"和"非常赞同"之间，认同此观点的被试群体的态度较为强烈和鲜明，鄙弃"浪费"的行为，但标准差 1.064 表明观点有些分散，被试群体并不全然持此看法，说明"浪费"这种行为在某种程度上是可以被接受的。

选项"+F6. 极端天气越来越多，说明自然环境在变坏"

该题的平均值为 4.10，标准差为 1.015。平均值 4.10 说明被试群体对于此选项的态度倾向于"比较赞同"和"非常赞同"之间，标准差 1.015 说明观点较分散。被试群体基本认为自然环境变坏和极端天气有直接关系，人们对环境的破坏导致了天气异常频发，反映了极端天气等现象促使人们反思自身追求发展导致环境生态破坏的后果。

选项"+F7. 就应该让污染环境的人倾家荡产"

该题的平均值为 3.22，标准差为 1.313。平均值为 3.22，处于 3 和 4 之间，表明被试群体的观点处于"说不太清"和"比较赞同"之间，说明被试群体基本赞同污染环境应当遭受一定的惩罚，承担相应的后果。标准差为 1.312，说明平均值的代表性弱，对于污染环境行为的惩罚态度观点分散，在处罚力度上存在着分歧。

（3）首先被试群体基本反对为了人情面子而铺张浪费、破坏环境，赞同节俭环保的行为和生活方式。其次被试群体认为环保宣传的作用不大，但该意见存在较大分歧，并未一致否认环保宣传的作用。被试群体认为城乡发展不平衡和资源利用的失衡不是理所当然的，不具有合理性，但是分歧较大。

在 10 项观念调查中，6 个负赋值选项的平均值为 2.93—4.28，正如前所述，负赋值选项的分值越高则说明被试群体越不赞同，反之则说明越赞同，对于"文化与环境"量表的 4 项负赋值选项观点的态度，以下将进行逐一说明：

选项"－F1. 把钱用在治理污染上，比用在环保宣传上更好"该题平均值为 2.93，标准差为 1.384。平均值处于 2 和 3 之间，说明被试群体倾向于"说不清"和"比较赞同"之间，表明被试群体比较注重环保和污染治理的实际工作，但是对于环保宣传的作用拿不准且意见不一致，对环保宣传的作用有所疑虑，但也并未完全否认其作用。

选项"－F3. 满街捡垃圾的'环保者'挺让人讨厌的"

该题平均值为 3.93，标准差为 1.186。平均值处于 3 和 4 之间，说明被试群体倾向于"说不清"和"不太赞同"之间，被试群体并不讨厌"环保者"的行为，但对这种"捡垃圾"的环保行为存在着不同看法。

选项"－F5. 城市用的水和电多，农村用得少，这些差别很正常"

该题平均值为 3.03，标准差为 1.314。平均值处于 3 和 4 之间，说明被试群体倾向于"说不清"和"不太赞同"之间，表明被试群体基本不认为城市和农村不同的资源消耗量是理所当然的，城市发展相对较快、资源消耗量大但并不意味着可以肆意消耗资源。该题标准差较大，说明对于这一观点，被试群体意见多元且分散。

选项"－F8. '婚丧嫁娶'排场要紧，不用考虑环保问题"该题平均值为 4.19，标准差为 1.005。

选项"－F9. 吃饭点菜要尽量多才有面子"的平均值为 4.24，标准差为 0.988。

选项"－F10. 人靠衣裳，马靠鞍，产品包装就应该尽量豪华"的平均值为 4.28，标准差为 0.980。

上述三个选项的平均值都处于 4 和 5 之间，说明被试群体倾向于"不太赞同"和"不赞同"之间，被试群体强烈反对为了面子和人情铺张浪费讲排场，而主张环保、生态健康的现代生态消费。

2. 标准差分析

标准差用来衡量数据的统一性，标准差越小，说明答案越集中，从而平均值越有代表性；反之，说明数据波动比较大，数据分散，答案不统一，当标准差大于 1 时（1.1、1.2、1.3 左右），其相对应的平均值的代表性就弱。通过对"文化与环境"F 量表中每一项的统计数据进行标准差检验，结果显示如下：

（1）量表中标准差最高的三项分析（意见比较分散）

在 F 量表中，选项"-F1. 把钱用在治理污染上，比用在环保宣传上更好"的标准差为 1.384，是所有选项中标准差最大的，说明被试群体对于这一观点的意见最为分散、最不统一、波动最大。"-F5. 城市用的水和电多，农村用得少，这些差别很正常"选项的标准差为 1.314 以及选项"+F7. 就应该让污染环境的人倾家荡产"的标准差为 1.313，说明被试群体在这两个观点上的意见也都不统一。因此，F1、F5 和 F7 这三个选项的平均值代表性比较弱，被试群体的意见差异较大，存在着答案之外的观点。而在之前的分析中，这三项的平均值也接近于"说不清楚"，具有不确定性，因此与之前的结论相吻合。

这说明被试群体在"把钱用在治理污染上，比用在环保宣传上更好"、"城市用的水和电多，农村用得少，这些差别很正常"、"就应该让污染环境的人倾家荡产"这三个观点上的意见都比较分散，且不一致。总之，被试群体更看重治理污染的实际行动，而在对待环保宣传的作用上意见多元，对于"城市和农村在资源消耗差异是否具有合理性"问题上意见分散，尤其在对于污染环境的个人惩罚力度上态度不统一，污染环境的行为并没有触及人们"是非"观念的底线。

（2）量表中标准差最低的两项分析（意见比较集中）

在 F 量表中，选项 "－F10. 人靠衣裳，马靠鞍，产品包装就应该尽量豪华" 统计数据的标准差为 0.980，为 F 量表中最小的标准差，其次是选项 "－F9. 吃饭点菜要尽量多才有面子" 统计数据的标准差为 0.988，这两个选项的标准差都低于 1，说明F9 和 F10 选项的平均值的代表性较强，被试群体的意见比较集中，观点一致。

这说明被试群体一致不认同 "人靠衣裳，马靠鞍，产品包装就应该尽量豪华"，以及 "吃饭点菜要尽量多才有面子" 的观点，被试群体在消费观上赞同环保、健康、理性的消费，这也印证了之前的分析。

3. 相关性分析

户口性质与 "如果我知道某个企业破坏了环境，我就不买他的产品" 的相关性。

通过对量表中各选项和其他变量进行相关性分析，结果如下："户口性质" 与 F2 "如果我知道某个企业破坏了环境，我就不买他的产品" 呈现一定的相关关系，具体如下表所示。

表 2—3—2　户口性质与 "如果我知道某个企业破坏了环境，我就不买他的产品" 的关系

	不赞同	不太赞同	说不清楚	比较赞同	非常赞同	总计
农村户口	35 (5%)	158 (23%)	190 (28%)	194 (28%)	113 (16%)	690
非农户口	50 (3%)	204 (12%)	449 (27%)	513 (31%)	455 (27%)	1671
总计	85 (3.6%)	362 (15.3%)	639 (27%)	707 (30%)	568 (24.1%)	2361

为了更清晰地展示户口性质与 F2 选项的关系，用饼状图表示如下：

根据表 2—3—2 中的比例，对于 "如果我知道某个企业破坏了环境，我就不买他的产品" 这一观点，被试人群持 "比较赞同" 的比例是 30%，持 "非常赞同" 的比例是 24.1%，合计是

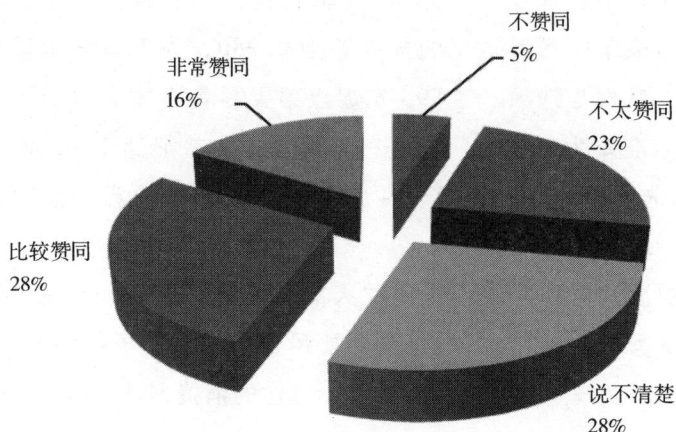

图 2—3—1 农村户口被试人群对于 F2 项的态度统计

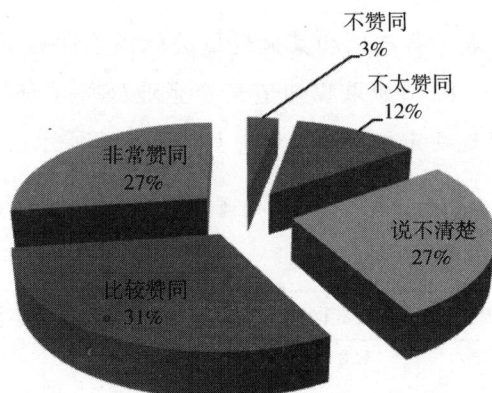

图 2—3—2 非农户口被试人群对于 F2 项的态度统计

54.1%，倾向于赞同这一说法，这与之前的分析结果相印证。

其中，非农户口被试人群赞同这一说法（"比较赞同"和"非常赞同"）的比例是 58%，高于农村户口被试人群赞同这一说法（"比较赞同"和"非常赞同"）的比例 44%，这说明非农户口的被试群体更为赞同"如果我知道某个企业破坏了环境，我就不买他的产品"这一说法。

　　而对于"如果我知道某个企业破坏了环境，我就不买他的产品"这一说法，农村户口的被试群体持有"不太赞同"观点的比例是23%，持有"不赞同"观点的比例是5%，都分别高于非农户口被试群体相应比例（12%、3%），这说明农村户口的被试群体相比非农户口的被试群体更为不赞同"如果我知道某个企业破坏了环境，我就不买他的产品"这一说法。这与上面的结果相呼应。

　　综合上面的分析，说明非农户口的被试群体比农村户口的被试群体更为赞同"如果我知道某个企业破坏了环境，我就不买他的产品"这一观点。

表 2—3—3　　　　　　　　　　　　　一致性检验

	Value	Asymp Std. Error[a]	Approx T[b]	Approx Sig.
Ordinal by Ordinal Gamma	0.252	0.032	7.696	0.000
N of Valid Cases	2361			

根据前面的关于"户口性质"与"如果我知道某个企业破坏了环境，我就不买他的产品"关系的分析，表 2—3—3 的数据分析更进一步表明，"户口性质"与 F2 选项"如果我知道某个企业破坏了环境，我就不买他的产品"呈 Gamma 正相关。这说明相比于农村户口的被试群体，非农户口的被试群体更重视企业发展中应尽环保责任，而且企业的环保行为和环保责任的承担与否影响着人们的消费选择。

　　总之，关于"户口性质"与"如果我知道某个企业破坏了环境，我就不买他的产品"的相关性分析说明，非农户口的被试群体比农村户口的被试群体更为赞同"如果我知道某个企业破坏了环境，我就不买他的产品"即非农户口的被试群体更重视企业发展中应尽环保责任，且更倾向于使用消费选择行为支持企业的环保行为。由此可以推断，非农户口即城市或城镇人口，由于对环境污染的体验更加直接，所接受到的生态环保信息和企业社会责任信息更丰富及时，因而更加注意企业责任、环保和产品选择之间的关系。但是无论是农村户口还是非农户口的被试群体都倾向于赞同这一选项的说法，企业发展中的环保责任已经成为影响公民消费行为和消费选择的重要因素。

（三）文化生态观的构成与主要内容

如前所述，在"文化与环境"的量表设计中，我们希望考察三组关系，即对城乡生态状况的包容与排斥、企业生态责任的罪恶与惩罚，以及消费文化中的节俭与靡费关系及其对被调查者的文化生态观的影响。三个问题关系密切、交叉隐含，相互印证。通过对量表的平均值、标准差以及相关性分析，我们可以看出被试群体对于文化与生态环境之间关系的认识和观点，总结归纳为以下几个方面。

1. 城市与乡村：现代生态公平意识的觉醒

城乡二元结构，是农业社会走向工业社会过程中特有的历史现象。我国的城乡二元结构，既是我国转型期的重要特征，也是体制遗留问题长期累积的结果。支配了中国社会生活几十年的"城乡二元结构"就是以户籍制度为基础建构起来的，这一结构不仅意味着城乡之间的户籍壁垒，更重要的是在此基础上建立的两种不同的资源配置制度。在实行改革开放和经济发展之后，城乡二元结构的留存意味着优先发展城市、农村支持城市、农业哺育工业政策的留存。城市与乡村二元结构的失衡，不仅反映在政治经济社会的重要领域，也体现在城乡居民的意识和观念上，体现在社会文化的各个方面。我国农村的社会经济发展长期滞后，城市与农村的不均衡发展，也导致了城乡生态发展的失衡。本次的生态价值观调查中，所表现出来的对于城乡在生态环境保护的差别对待，以及城乡居民的不同态度，都可以说是城乡二元结构在文化观念上的延伸。真正迈向现代生态文明，建设可持续发展的生态环境，需要对城乡生态发展的不均衡做深入探索，找寻解决之道。

为了研究被试群体对城乡生态状况的包容与排斥态度，考量城乡二元结构下人们对生态环境的态度，F 量表中设计了 1 个相关选项，量表如下：

	非常赞同	比较赞同	说不清	不太赞同	不赞同
F5. 城市用的水和电多，农村用得少，这些差别很正常	1	2	3	4	5

除此之外，根据对 F 量表的相关性分析，F2 "如果我知道某个企业破坏了环境，我就不买他的产品"这一选项与户口性质（农村户口与非农户口）有一定相关关系。量表如下：

	非常赞同	比较赞同	说不清	不太赞同	不赞同
F2. 如果我知道某个企业破坏了环境，我就不买他的产品	5	4	3	2	1

结合之前的数据分析，选项 F5 "城市用的水和电多，农村用得少，这些差别很正常"的数据显示其平均值为 3.03，标准差为 1.314。表明，被试群体基本不同意城市和农村不同的资源消耗量是理所当然的，城市发展相对较快、资源消耗量大并不意味着可以肆意消耗资源这说明现代公平意识的资源观念正在建立，新的生态公平意识正在取代旧的城乡二元观念。但被试群体对此意见却也不一致，访谈资料更进一步说明了此问题：

访谈资料 3（某能源开采公司采购部经理）：

我觉得我们市下面很多乡镇在做生态旅游，就是农家乐的形式，那样的形式就挺好的，农村也不一定就非得走城市的路子，我们周末去农村消费也就是为了图个舒服和清净，要是连

农村都被污染了，也就跟城市没什么两样了，现在不仅仅城市
要讲环保，很多农村也重视起来了。

访谈资料 10（某机械制造厂办公室主任）：

城市工业用电、生活用电都比较集中，当然相对消耗要
大，但是相比之下，也存在很多浪费，就比如我们这类机械制
造厂，能耗量都非常大，我们虽然在政府特设的产业园区内，
现在也要讲究低能耗的发展。我们估计也要搬到郊区，这其实
是污染的转移，就是钻了农村亟待发展的空子，这样的环保其
实就是损害了农村的利益，我觉得这样没有实在意义。

访谈资料 11（某传播公司职员）：

我觉得现在很多农村做得很好，也不一定就比城市差，但
这要看当地的干部和居民的素质和环保意识，去旅游就会发
现，有的地方开放得早，领导意识超前，居民素质也提升，经
过市场的选择就主动保护环境。这个跟当地的经济发展水平和
居民的素质都是有关系的。

可见，访谈资料中涉及考察居民对城市与农村生态环保的内容
进一步说明：如今人们重视经济公平，同样重视地区生态公平，在
城市发展带来生态破坏和环境污染代价的前车之鉴下，农村的建设
和发展更要重视可持续发展。同时，国内外的经验表明，经济社会
发展与生态环境保护并非"零和博弈"，曾经的"先发展后治理"
的老路已经不适宜我国经济社会的发展。经济发展体系应该包括环
境保护和生态平衡，越来越多的农村生态产业兴起更加证明经济主
体可以从生态环保中受益，实现经济发展与环境保护的共赢。

根据前面的关于"户口性质"与选项 F2"如果我知道某个企
业破坏了环境，我就不买他的产品"关系的相关分析，"户口性
质"与 F2 选项"如果我知道某个企业破坏了环境，我就不买他的
产品"呈 Gamma 正相关。这说明相比于农村户口的被试群体，非

农户口的被试群体更重视企业发展中应尽环保责任，而且企业的环保行为和环保责任的承担程度影响了消费选择。

综合上述分析，被试群体对于城乡生态环保的态度如下：

对于城乡资源消耗量的差别，被试群体已经不再将经济发展看成资源消耗大的正当理由。城市和乡村发展的不均衡并不意味城市理应获得利用资源的优先权，而是应该关注城乡生态环境的公平。人们已经开始纠正传统的城乡二元结构下的有差别的态度以及城乡二元定式思维方式，无论是城市还是乡村的被试群体总体上都反对为了经济利益牺牲生态环境利益的观点和行为。

生态意识是一种忧患意识，是对生命存在和界限的正确理解，有了忧患意识才会有正确的判断和抉择。调查显示，与城市居民相比较，农村居民比较缺乏环境忧患意识，对当前环境形势的严峻性、复杂性、长期性认识不够，反之，城市居民相比乡村居民更为关注企业发展中的环保责任，更大程度上认为环保是至关重要的，反对为了赚钱而忽视对环境的影响。

现代生态文明是充分体现公平与效率统一、代内公平与代际公平统一、社会公平与生态公平统一的文明。在近30多年来中国社会经济快速发展的背后，生态问题已经引起了我们的重视，但是我们不能忽略生态文明进程中的生态不公、危机转移现象。随着生态保护日益引起人们的关注，生态意识纳入经济发展体系也日益成为主流，反映在文化与生态的关系上，城乡二元结构体制传统已经不再起主导作用，传统的崇拜城市文明不顾一切追求经济发展的思想正在远去，同时公民现代生态公平意识也在逐步形成。

总之，从以上被试群体对于城乡生态环保的态度可以看出，城乡二元结构的体制作为我国文化的重要基础和传统仍然影响着人们的生态观，但现代生态公平观念一传统，人们开始追求城乡经济、生态方面的平衡发展。长期的城乡二元发展状况，所造成的城乡社会经济发展严重失衡，如人们对于城乡在生态环境上类似"包容与排斥"的差别对待也正在退出历舞台。当然，人们对此多元的态度也表明消除城乡差别观念还需要一定的时间，届时，随着社会的发展，生态环境公平观念渗透到人们的文化观念中形成共识，城乡二元结构不再是理所当然的，人们追求城乡经济发展协同的同时，也关注城乡生态环境的公平。城乡居民对于生态发展的差别态度也表明，彻底实现这一转变将是一个长期的曲折的过程。

2. 罪恶与惩罚：生态权责意识的理性回归

近些年来，无论是人们直接感受到的诸如极端天气这样的生态失衡的信号，还是信息传播让人们感受到的整体环境恶化带来的紧迫感，都促使人们关注生态保护这样的话题。随着相关环保法律的出台，以及政府和媒体对于一些破坏环境行为的曝光和责任追究，人们的生态维权意识以及生态问责意识都逐渐增强。生态破坏和环境污染很大程度上与经济发展有关，目前从事大规模生产活动都是以企业为主要组织形式。在激烈的市场竞争中，企业也必须"适者生存"，而企业能否比较好地适应环境是关系它能否生存和发展的重大问题。企业的环境，从大的方面，可分自然环境和社会环境两类：一方面，它要善于利用环境所提供的资源和条件；另一方面，它要对环境履行自己应尽的责任。如果说，前者是索取的话，那么后者就是回报。企业适应自然环境就必须遵守索取和回报的规律，而目前社会环境，即政府压力、市场标准、法律规定以及公民诉求等也都要求企业应承担生态责任。本次的生态文化价值观调查中，也考察被试群体对关于生态权责观念中"罪恶与惩罚"的看法，尤其是对于企业这一社会经济活动的主体在生态环保中生态责任的认知和态度。

为研究被试群体对生态权责观考量被试群体对企业环保责任的认知和态度，在"文化与环境"的 F 量表中设计了 4 个相关选项，量表如下：

	非常赞同	比较赞同	说不清	不太赞同	不赞同
1. 把钱用在治理污染上，比用在环保宣传上更好	1	2	3	4	5
2. 如果我知道某个企业破坏了环境，我就不买他的产品	5	4	3	2	1
6. 极端天气越来越多，说明自然环境在变坏	5	4	3	2	1
7. 就应该让污染环境的人倾家荡产	5	4	3	2	1

结合之前的数据分析可以看出。

被试群体注重环保和污染治理的实际工作，对于环保宣传的作用意见不一致，对环保宣传的作用有疑虑，但并未完全否认其作用，不认为环保宣传的作用是可以取代的。

就我国企业环保责任履行的现实状况而言，对于企业来说，公众作为利益相关群体关系着他们的利益获取和企业发展。人们也逐渐认识到，企业存在的目的并非仅为获得经济效益和为股东服务，公众应该是利益群体中的重要部分。而公众把握这一制约权利的关键在于：对企业生态权责的"罪恶与惩罚"的认知。根据本次调查的结果，我国传统文化中"索取与回报"、"罪恶与惩罚"观念正在回归，而且逐渐与现代理性的生态观念结合，正在形成一套利益相关者的认知制约机制。

公众作出判断的基础不仅在于对生态权责的认识，还在于信息的获取，这也是媒体发挥作用的空间。对于公民而言，信息不对称的情况下，公民与企业相比，始终处于信息获取的下游即弱势地位，因此，公民要作出理性的判断，离不开对媒体信息披露的依赖。结合本次调查在基本资料中获得的关于"您平时最主要从哪里了解新鲜事？"的调查统计结果如下图所示：

表明，现代媒体，如互联网、电视、报纸杂志等，是公民获取环保信息的重要途径。这也从近几年我国企业责任的重大事件

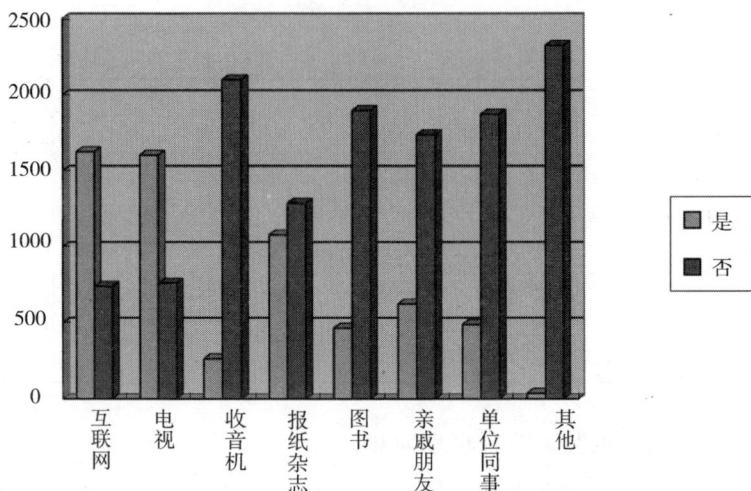

图 2—3—3　公民获知新鲜事途径

（如三鹿奶粉等）中媒体发挥的重要作用上可见一斑。媒体不仅向公众传递信息，更重要的是公众对企业的监督和施压都可由媒体传递，短时间内扩大影响，使企业的不良行为无处遁形。

对于企业而言，媒体的报道是观察社会需求的一个重要窗口，电视、报纸、网络等媒体通过新闻等各种报道方式来反映社会需求。近年来，媒体关于社会企业环保责任的报道迅速增加，在对企业的行为产生了重要的影响。因此环保宣传并不是可有可无的，社会舆论正在逐渐改变着人们的生态观念和企业的环保观念。

对于选项"＋F2. 如果我知道某个企业破坏了环境，我就不买他的产品"，被试群体基本上认为不会购买造成环境污染的企业的产品，反映了企业的环保行为已经成为影响消费者选购的因素，消费者已经开始通过消费购买行为支持企业的环保行为，反对破坏行为。但非农户口和农村户口的被试群体对此存在不同的意见，非农户口更偏向于在"知道某个企业破坏了环境"之后，"就不买他的产品"。

访谈资料进一步印证和补充了以上分析：

访谈资料 13（某食品加工厂销售经理）：

这是大家共同的生存环境，每个企业、每个人都有责任来维护、保护它，我不污染，我也不保护，那这个环境还是在遭受污染，生存在其中的我肯定也不舒服。另一方面，不是有"GDP 的绿色牵引力"这么一个说法吗，单单从企业本身来讲，做环保不但划算，而且可以树立一个积极的企业形象，我个人是觉得挺好。

访谈资料中提到的"绿色牵引力"一说表明，企业已经认识到了公众的认可和企业良好社会形象的建立，已经与企业的利益相挂钩。这进一步说明，我国企业对环保责任的重视，有其内在和外在的驱动力：一是内在动力。社会责任关乎企业的社会形象和美誉度，是当今企业提高竞争能力的重要因素之一，越来越多的企业意识到承担包括保护环境在内的社会责任已经成为实现企业生存和发展的推动力。二是外在需求。企业不仅要对股东负责、对员工负责、对客户负责、对供应商负责，而且还要对社区负责、对社会负责。企业的社会形象还会进一步影响到利益相关者的长期利益，反过来利益相关者也将对企业构成压力和影响。①

选项"+F6. 极端天气越来越多，说明自然环境在变坏"中，被试群体态度倾向于认为自然环境变坏和极端天气有直接关系，人们对环境的破坏导致了天气异常频发，反映了极端天气等现象促使人们反思自身追求发展导致环境生态破坏的后果。访谈资料中，被访者也对这一现象有切身体验：

访谈资料 1（某能源公司人力资源主管）：

我认为这几年气候异常的原因可能就是环境污染所导致的南北极冰川的融化。而这种全球性的气候变暖是由于二氧化

---

① 参见朱玲、宋鹏飞《浅述企业社会责任和环保责任》，《环境科学与管理》2009年第 6 期。

碳、一氧化碳等温性气体导致的，而这些气体的排放更多地来源于工业化与日常生活电器。

访谈资料3（某能源开采公司采购部经理）：

气候的因素太多了，虽然整个气候有自身的周期运动规律，但是这几年人类的破坏作用还是有很大伤害的。去年南方的干旱，今年夏末的洪水，在一些地区表现出来显得非常极端，去年去贵州、云南的时候，觉得那边的山水保护还是不错的，但周边的环境破坏了，整个失调了，也得连累着受罪。

访谈资料5（某房地产公司市场部职员）：

这些年冬天变暖了，今年降雪也晚了，干旱特别严重，而且这几年灾难是挺多的。我认为气候还主要是温室效应的影响，要是地震什么的应该和地壳运动有关吧。要是说和企业污染相关不相关，我想可能会存在一定的影响，但应该不是决定性的因素。

以上表明，被试群体普遍认为近几年来极端天气的出现与生态破坏环境污染有一定的关系，但对于是否就是"决定性的因素"还存在不同意见。

选项"+F7. 就应该让污染环境的人倾家荡产"的数据分析结果表明被试群体基本赞同此观点，污染环境应当遭受一定的惩罚，承担相应的后果。

访谈资料5（某房地产公司市场部职员）：

环保是个社会性的问题，不是一个人的问题，也不是一个企业的问题，是整个社会的共同责任，需要整个社会的每一份力量。每一个企业，不管大小、不管盈亏，都有责任有义务去担负起环保的担子。从某种意义上说，环保也是企业回馈社会的最好方式。企业的发展离不开社会的支持，节能减排、支持环保，减少对周边居民的危害，便是企业对社会的支持。当然，不同的企业可能对环境污染的程度不一样，也应该区分对待。污染程度较大的企业应该主动承担责任，负责大部分的环保工作；污染程度较小的企业也应该尽自己的努力，尽可能地多做环保工作。另一方面，穷则独善其身，达则兼济天下，说的也是这个道理，有能力的企业，不妨多做点，改善环境；能力不足的企业，则至少应该独善其身，把自身的问题解决好。但是总的来说，环境问题毕竟还是社会问题，人人努力，才能做到更好。

综合以上对 4 个选项的分析，可以归纳出被试群体对生态罪责的观点即：

被试群体普遍不认同破坏生态、污染环境的行为，并认为污染环境应承担相应后果，并且应该受到一定责罚。而近些年的气候异常等现象频发，更是让人们直观感受到了生态失衡和环境破坏的后果，人类正在付出破坏环境的代价。此外，被试群体基本上不认为环保宣传的作用是可以取代的，污染治理和环保宣传应该并举。所有这些都表明人们开始反思工业社会中以经济利益为主导的发展模式，开始关注生态环境变化，重视污染治理的实际效果和环境保护工作的作用，并且开始反思环境保护工作的途径和效果。

在调查中我们发现公民作为消费者，已经开始关注企业主体的社会责任，尤其是生态环保责任，他们在进行消费选择时已经逐步渗透了生态的考虑，表达了公民理性的、对企业的环保诉求。而对于企业是否承担生态环保责任，是否污染环境，是否应承担罪责等问题，也已经突破了简单的"牢骚"，消费者已经开始通过消费购买行为支持企业的环保行为，反对破坏行为。

但就对于环境污染的"惩罚"态度上，人们还存在不同意见。就整体人类生存环境而言，被试群体已将极端天气与生态破坏直接相联系，由此推断，人们基于亲身的直观体验，逐渐认识到，人类的生态破坏行为是气候恶化的原因，人类正因此而受到自然的惩罚。但是在对于作为个人的环境污染行为是否就应受到严厉（"倾家荡产"）的惩罚，人们的意见并不统一，被试群体偏向于应给予破坏者和污染者一定的惩罚，但是在整个文化观念中，此行为并不意味着就应承担非常严格的惩罚，对于污染行为存在一定的随机性。

通过以上分析，本次对于生态文化中"罪恶与惩罚"态度的考察结果表明，生态环保因素已经逐步影响了公民的市场判断和选择，面对着日趋严重的环境问题，公民开始根据各种信息进行判断和理性选择，企业仅仅依靠经济驱动已经不能完全回应这一诉求。如果公民充分认识到自身蕴含的强大力量，有效参与生态环保，合理运用"罪恶归因与选择惩罚"的权利，将会引导企业的良性竞争和发展。

3. 节俭与"面子"：传统与现代消费文化并行

消费是环境问题的核心，从一个重要角度反映了人们在生存、发展等方面的价值取向。消费文化不仅是技术发展、经济范式以及生活方式等方面的变革，而且也提升甚至重组了现代人类文明的价值和意义。对于文化与生态的探讨，更加不能缺少对于消费文化的研究。消费文化连接了个人生活与社会发展、经济生产，是深刻理解和剖析如今生态环境问题不可或缺的一个视角。我们以消费文化中"节俭与面子"为线索，考察了消费文化与生态环境的关系，重点分析了传统与现代消费观的双重影响。

为研究被试群体对消费文化与生态环境的关系，在关于"文化与环境"的 F 量表中设计了 5 个相关选项，量表如下：

问题	非常赞同	比较赞同	说不清	不太赞同	不赞同
3. 满街捡垃圾的"环保者"挺让人讨厌的	1	2	3	4	5
4. 浪费是件丢人的事	5	4	3	2	1

问题	非常赞同	比较赞同	说不清	不太赞同	不赞同
8. "婚丧嫁娶"排场要紧，不用考虑环保问题	1	2	3	4	5
9. 吃饭点菜要尽量多才有面子	1	2	3	4	5
10. 人靠衣裳，马靠鞍，产品包装就应该尽量豪华	1	2	3	4	5

根据之前的数据分析，结果显示：

被试群体基本上不厌恶"环保者"的行为，环保行为和环保人士受到被试群体的普遍赞许。但是该选项的标准差为 1. 186，说明被试群体的观点不一致，对于"捡垃圾"这种行为受到了传统"面子"的影响，尽管人们并不十分厌恶，但对此行为也是不太接受。

选项"+F4. 浪费是件丢人的事"数据分析说明被试群体基本反对浪费的行为，但是浪费不一定意味着"丢人"，无论是在传统的或是现代的中国人的"面子"、"是非"观念中，"浪费"并没有达到"丢人"的程度，说明人们对此行为尽管不提倡，但也没有形成明确的羞耻感。

选项"-F8.'婚丧嫁娶'排场要紧，不用考虑环保问题"、选项"-F9. 吃饭点菜要尽量多才有面子"、选项"-F10. 人靠衣裳，马靠鞍，产品包装就应该尽量豪华"，这三个选项的调查结果说明被试群体一致强烈反对为了面子和人情铺张浪费讲排场，且意见比较集中，说明被试群体的生活方式和消费观念偏向于主张环保、生态健康的现代生态消费文化。

访谈资料进一步表明了以上观点。

访谈资料 4（某热电厂技术工程师）：

我不认为为了面子和人情就得浪费，就算再有钱，也没必要这样做，有钱也不能臭显摆啊，貂皮的不一定有多美。比如吃饭了打包就是挺好的习惯，不浪费嘛，这也算是优良传统，也跟国际上那些提倡绿色生活的接轨了。我们部门一些年轻人有的还随身携带筷子，拒绝用一次性碗筷，我觉得就挺好的，既卫生又环保。

访谈资料 8（某纺织企业销售部助理）：

中国人讲面子嘛，在婚丧这些事情上，还是比较重视的，但是就我们年轻人来说，我觉得婚礼不用那么讲究，办得特别奢华也不好，低调嘛。我还听说过那种低碳婚礼和集体婚礼，只要高高兴兴的就行，而且非常有创意，环保现在不也很时尚嘛。

访谈资料 14（某传播公司行政部门主管）：

现在国家都倡导低碳经济，国家人口众多，每天消耗大量的食品包装袋，如果不注重环保，日久天长，这种白色污染对于子孙后代的影响是很大的。

访谈资料 15（某塑胶厂生产部负责人）：

其实生活水平的好与坏也是根据自身的实际状况定的，我觉得还是适度消费比较合适，那些特别夸张的消费也不是一般老百姓承受得了的，再说了，浪费总是可耻的，而且给子女的教育也带来很坏的影响。

从数据分析和访谈资料可以看出，就我国传统的社会消费文化而言，到目前为止，大部分中国公民对炫耀性消费①仍然是不提倡的。这一趋势的形成有两方面原因：第一，在公民普遍看来，生活中讲究节俭是我国的"优良传统"，也是教育子女的重要方面；第二，受到现代"低碳环保"生活观念的影响，尤其是年轻人不再"讲究"所谓"面子"。

但是，从另一方面来看，我国向来讲究礼尚往来，在某些社会

---

① 即人们购买某些商品以显示自己的财富和引起别人的妒忌，从中得到别人的赞扬和夸奖，得到虚荣和满足。

交往的公众场合需要大笔开销，大家追求的标准也都有"体面"和"脸面"的成分，人情面子消费极具中国特色①，这体现在"婚丧嫁娶"是否应该"讲排场"等方面，因而人们对此的看法仍然较为多元。

综合以上 5 个选项的分析，被试群体的消费文化与生态环境观点如下：

通过调查发现，大多数民众反对将自然事物都看作人的消费对象，主张一种适度的、健康与环保并行的消费观。从观念层面上来看，传统的炫耀式消费、奢侈、铺张浪费"讲面子"的消费遭到大部分人们的鄙夷，但就实际的环保行为如"捡垃圾"民众的态度则比较暧昧，在我国传统和现代的"面子观"和"是非观"中，对于"浪费"的行为仍然没有形成强有力的制约机制，尤其是在某些特定场合，如"婚丧嫁娶"等人生重要场景中，仍然默许"浪费"和"讲排场"。

总之，我国传统社会消费观中的炫耀性消费、盲目性消费与人情面子消费等方面已经不再是主导我国公民消费观的主要因素。而"适度、健康、环保"这种总体消费价值观又以两种层面来呈现，一是传统的朴素的节约观念，主张满足基本生活需要即可，保持了朴素的节财俭用的优良传统。二是现代理性的消费观，满足需要还应注意环保。这进一步说明，传统社会消费观与现代生态消费观正形成合力共同作用于公民的消费观和消费行为，我国目前多元消费观的形成，传统和现代消费观并行。

（四）结论：多元并存的文化生态观

生态是人类和生命生存的环境，文化是不同人类生存的方式，生态文化就是从整体出发，将经济文化和社会伦理相结合的产物。此次调查结果表明，在现代社会变迁的大背景下，受到传统和现代

---

①　参见赵孟营主编《跨入现代之门：当代中国的社会价值观报告》，北京师范大学出版社 2008 年版，第 216—217 页。

价值观念的冲击，人们价值观念正逐步增加生态保护的元素，传统的"天人合一"意识得到了新的诠释和重视。

在此次"文化与生态"的调查中，可以看出，被试群体的生态文化价值观呈现如下特征：

1. "生态公平"诉求和"可持续发展观"冲击了"经济利益至上"的观念。体现在对待城乡经济发展二元不平衡和生态资源利用的态度上，被试群体不再因为经济利益一味包容城市的高资源消耗，在此观念上的不一致，也表明生态公平观念同样有着地域差异。

2. "生态问责"和"生态维权"意识正影响着公民在社会生活和市场选择中的判断。被试群体一致认为企业应当履行环保责任，其中，非农户口的居民比农村户口的居民更加关注企业生态环保责任。

3. 赞同生态环境保护是每个公民和社会主体的责任，也应当承担生态环境破坏的代价。被试群体认为极端天气是环境破坏的结果，而污染环境的主体也应当承担相应的责任，给予一定惩罚。但是对于生态环保方面的惩罚力度存在不同看法。

4. 承认环保宣传的作用，但是，相比较而言更为注重环保治理的实际工作，人们对于环保宣传作用的评价存在分歧。

5. 主张"适度、健康、环保"的消费行为。传统的"节俭"和现代的"低碳环保"同时作用于人们的消费观念，被试群体一致反对铺张浪费的行为，不赞同为了"人情与面子"而炫耀式地奢侈消费；但是对于具体"环保行为"的理解以及对于重要场合的消费形式，仍然存在不同意见。

此次调查结果反映了当代中国居民对于"文化与生态"的看法。我们认为，就生态环保而言，我国公民的文化意识，在一定程度上是传统"天人合一"意识的现代转换，现代生态系统意识基本形成，现代生态公平意识逐渐觉醒；突破城乡二元传统结构下的观念定式；生态问责和维权意识增强，在生态权责判断上表现出现代理性，强调了企业的社会责任；在消费文化上，传统消费观和现代生态消费观并行，形成了"适度、健康与环保并行"的消费观。

第四篇 生活与生态

（一）本篇导言

人类的生活状态与生态息息相关，人类生活所依赖的基本条件和物质资源都是生态系统的一部分，而人类的生活方式也是生态的一部分并且日益成为影响生态的重要因素；反之，人类生活质量也受到生态环境的影响，人类生活与生态密切相关，形成一个循环系统，一旦打破生态平衡，将陷入恶性循环。自 20 世纪 60 年代以来人们就开始关注环保问题，生活方式而引起的环境污染问题已经越来越突出，不能不引起我们的高度重视。

人们的日常生活方式与环境保护息息相关，人们的生活习惯直接影响到环境的保护与发展。本次调查研究正是基于这种理念之而设计了生活与生态的相关的调查项。通过"衣食住行"与"环保态度"关系的调查，考察被调查者的生活生态观，经统计分析，结果如下。

（二）本篇数据分析

1. 原始问卷中"生活与环境"量表分析

本次生态观调查针对人们如何看待"生活与生态"的关系设计了量表，包括 10 项，其中 7 项为正赋值，3 项为负赋值，原始量表如下：

B. 下面是关于"生活与环境"关系的一些说法，您是否同意这些说法？请在与您观点一致的选项内打"√"。

问题	非常赞同	比较赞同	说不清	不太赞同	不赞同
1. 买房子，要优先考虑城市的空气质量	5	4	3	2	1

续表

问题	非常赞同	比较赞同	说不清	不太赞同	不赞同
2. 住在有污染的大城市也比环境好的小城市和农村有面子	1	2	3	4	5
3. 环境保护是政府的事，跟家庭没关系	1	2	3	4	5
4. 买车，我会选择小排量的车	5	4	3	2	1
5. 就是路不远，我也要开车去	1	2	3	4	5
6. 买东西最好自己带购物袋	5	4	3	2	1
7. 有钱也不吃"鱼翅"	5	4	3	2	1
8. 买得起也不能穿"皮草"	5	4	3	2	1
9. 不缺水也要省着用	5	4	3	2	1
10. 就算电池对环境污染再小，也不应该随便乱扔	5	4	3	2	1

以上是"生活与环境"关系的量表，量表通过10道题来考察被试者日常生活中的生态观，其中第1、2题考察被试者关于"居住与环境"之间关系的看法；第3题考察了被试者对环境保护责任主体的态度；第4、5题考察被试者关于"出行与环境"之间关系的看法；第6、7、8、9、10题则考察被试者关于衣食等生活习惯与环境之间关系的看法。四个部分问题关系密切，从衣食住行各个方面考察了被试者的生态观。

2. "生活与环境"量表的数据分析

表 2—4—1　　　　"生活与环境"量表统计分析表

问题	平均值	标准差
+1. 买房子，要优先考虑城市的空气质量	4.12	0.967
−2. 住在有污染的大城市也比环境好的小城市和农村有面子	3.73	1.258

续表

问题	平均值	标准差
－3. 环境保护是政府的事，跟家庭没关系	4.21	1.084
＋4. 买车，我会选择小排量的车	3.91	1.094
－5. 就是路不远，我也要开车去	4.10	1.087
＋6. 买东西最好自己带购物袋	4.16	1.044
＋7. 有钱也不吃"鱼翅"	3.45	1.279
＋8. 买得起也不能穿"皮草"	3.35	1.283
＋9. 不缺水也要省着用	4.39	0.921
＋10. 就算电池对环境污染再小，也不应该随便乱扔	4.48	0.871

　　数据分析中主要将 B 量表中所收集上来的数据进行了赋值及平均值和标准差方面的分析，以期对被调查者态度的集中趋势和离散程度进行分析。为了统计方便，我们将"生活与生态"量表中的 10 个问题分别赋予正、负值，其中正赋值的观点为正向，负赋值观点为负向。值数据越大，表示被试者对该观点越表示赞同。

　　通过分析量表所采集到的数据，我们不难看出被试群体的生活生态价值观。数据分析如下：

　　（1）平均值分析

　　量表中正赋值选项的平均值为 4.48—3.35，负赋值选项的平均值为 3.73—4.21，均高于 3。这说明以下几个问题：

　　① 被试群体对日常生活中的环境保护态度初步达成共识

　　根据问卷中"生活与生态"量表统计结果可知，其平均值的情况显示：正赋值选项的平均值为 3.35—4.48，均高于 3，负赋值选项的平均值为 3.73—4.21，也高于 3。这说明：人们对于日常生活和环境之间的关系已经有了一定认识；大多数人在保护环境、绿色生活方面达成共识，意识到保护环境的重要性。

　　②被试群体普遍认为在日常生活方面应关注"生态环保"的

因素，但对于"吃"和"穿"的选择方面意见不一致

　　选项"B1买房子，要优先考虑城市的空气质量"，平均值为4.12，标准差为0.967，表明平均值的代表性强，被试群体意见较为集中于"比较赞同"和"非常赞同"之间。被试群体一致认为"空气质量"等生态环境因素是考虑和选择居住地的"优先"条件。

　　选项"B4买车，我会选择小排量的车"，平均值为3.91，标准差为1.094，表明平均值的代表性较弱，被试群体意见较分散，偏向于"说不清"和"比较赞同"之间。被试群体基本会"选择小排量的车"，但对此也存在其他意见，在买车的考虑因素中，"小排量"并不是绝大多数人一致选择。

　　选项"B6买东西最好自己带购物袋"，平均值为4.16，标准差为1.044，表明平均值的代表性较弱，被试群体意见存在分歧，但倾向于"比较赞同"和"非常赞同"之间。这说明被试群体在日常生活习惯中较为注意"低碳环保"，但对此也有不同意见。

　　选项"B7有钱也不吃'鱼翅'"的平均值为3.45，标准差为1.279；选项"B8买得起也不能穿'皮草'"的平均值为3.35，标准差为1.283。此两项的标准差较大，说明平均值的代表性弱，而平均值都介于3和4之间，即介于"说不清"和"比较赞同"之间。该结果集中反映了被试群体对于"吃"、"穿"两方面的态度存在着较大分歧，只要有经济条件，是否选择"吃鱼翅"和"穿皮草"被认为属于个人的选择。

　　选项"B9不缺水也要省着用"的平均值为4.39、标准差为0.921；选项"B10就算电池对环境污染再小，也不应该随便乱扔"的平均值为4.48、标准差为0.871。此两项的标准差都低于1，表明平均值的代表性强，意见比较集中，介于"比较赞同"和"非常赞同"之间。说明被试群体一致认为在资源充足的条件下也应该节约用水，也普遍认识到电池对环境污染的严重性和回收的重要性。

综上所述，被试群体基本同意正赋值选项中问题的观点，其中，有两道题观点最为集中，两道题观点则比较分散。对所有这些正赋值的分析中可以得出以下结论：

第一，被试群体一致强烈认为：买房应优先考虑空气质量；应该节约用水、保护水资源，不管水资源是否充足；应该正确回收电池等可回收物品，不管其具有何种污染力。

第二，被试群体在是否可以"吃鱼翅"和"穿皮草"上意见不统一，不认同有钱就可以吃穿无度，但对此也有很多不同的看法。

第三，被试群体普遍赞同在日常生活方面应该注意生态环保因素，尤其是居住环境的选择方面。但在购车和购物的选择上是否一定遵从"低碳环保"的原则，也存在不同看法。

（3）人们基本不同意破坏环境的相关观点

在上述"生活与环境"关系的量表中，共有三个负赋值题，它们分别是"B2 住在有污染的大城市也比环境好的小城市和农村有面子"、"B3 环境保护是政府的事，跟家庭没关系"、"B5 就是路不远，我也要开车去"。B 量表中负赋值选项的平均值为 3.73—4.21，其值大大超过了 3 说明被试群体基本不同意上述答案。具体来看

选项"B2 住在有污染的大城市也比环境好的小城市和农村有面子"，该题平均值为 3.73、标准差为 1.258，表明此项的平均值代表性弱，被试群体意见非常分散，而平均值介于 3 和 4 之间，即"说不清"和"不太赞同"之间。这表明被试群体基本不认为住在有污染的大城市比住在环境好的小城市和农村有面子，但对此意见分歧较大，存在较多不同意见。

选项"B3 环境保护是政府的事，跟家庭没关系"平均值为 4.21、标准差为 1.084，表明此项平均值代表性较弱，被试群体的意见介于"不太赞同"和"不赞同"之间，被试群体基本认为环保并非仅仅是政府的事，反对环保与家庭无关的观点，但对此也存在不同意见。

选项"B5 就是路不远，我也要开车去"平均值为 3.91、标准差为 1.094，表明此项平均值代表性较弱，被试群体的意见介于"说不清"和"不太赞同"之间，被试群体基本不认同无论路途长短都要开车的做法，但意见比较分散。

从对量表中所有负赋值的分析中可以看出，被试群体对于三项负赋值选项基本给予了否定的回答，但意见都比较分散，可以得出以下结论：

第一，绝大多数人反对破坏环境的一些做法，反对"保护环境是政府的事，跟家庭没有关系"的观点，从侧面反映了人们在生活中重视环境保护与家庭生活关系的态度。

第二，被试群体基本不认为住在有污染的大城市比住在环境好的小城市和农村有面子，但对此意见分歧较大，存在较多不同意见。

第三，从这两种态度可以看出，被试群体一致反对生活中污染和破坏环境的做法，具有一定的低碳环保意识，但在涉及"面子"等因素和特殊情况时，又认为环境污染和浪费奢侈可以视情况而定。

2. 量表中的标准差分析

标准差用来衡量数据的统一性，标准差越小，说明答案越集中，从而平均值越有代表性；反之，说明数据波动比较大，数据分散，答案不统一，当标准差大过 1 时，其相对应的平均值的代表性就弱。B 量表的标准差统计如下：

（1）量表中标准差最低的三项分析（意见比较集中）

量表中 B1、B9、B10 三选项的标准差分别为 0.967、0.921、0.871，说明被试群体在这三个问题上观点比较集中，此三题的平均值代表性较强。这三题分别涉及了居住、节约用水、环保行为，即"买房子，要优先考虑城市的空气质量"、"不缺水也要省着用"、"就算电池对环境污染再小，也不应该随便乱扔"，而这三项的平均值分别为 4.12、4.39、4.48，均高于 4，表明被试群体对这三项持比较强烈的支持态度。

数据表明，人们在日常生活中普遍具备节约用水、回收电池的环保意识，并且一致看重居住的环境质量，这也成为人们购房时的重要考虑因素。

（2）量表中标准差最高的三项分析（意见比较分散）

量表中 B2、B7、B8 三题的标准差分别为 1.258、1.279、1.283，说明被试群体在这三个问题上观点差异性较大，这些题的平均值代表性较弱。这三题分别是"住在有污染的大城市也比环境好的小城市和农村有面子"、"有钱也不吃鱼翅"、"买得起也不能穿皮草"，说明人们在这三个问题上的态度差异较大，观点各异，而此三项的平均值分别为 3.73、3.45、3.35，都介于"说不清"和"不太赞同"之间，这也印证了被试群体在对待这三项的态度上仅管倾向于不赞同，但仍有一部分人的态度不明朗。

说明，被试群体在考虑到"面子"时，对于居住地（大城市、小城市、乡镇、农村）的选择又存在不同看法，生态环境因素并没有形成对"面子"因素的比较优势，传统的"面子"观念仍然具有较强的影响力；在是否可以"吃鱼翅"和"穿皮草"上意见也不统一，虽然不认同有钱就可以吃穿无度，但对此也有很多不同的看法。

3. 相关性分析

（1）性别与购物习惯（"买东西最好自己带购物袋"）的相关分析

通过 SPSS 分析显示（如表 2—4—2 和表 2—4—3），"性别"变量与量表第 6 个观点"买东西最好自己带购物袋"呈 Gamma 正相关与 Beta 相关（性别因变量有效值 0.150，"量表第 6 题"因变量有效值 0.138）。这说明较男性而言，女性更愿意在购物时自己携带购物袋。

表 2—4—2　　性别与"买东西最好自己带购物袋"的关系

	非常赞同	比较赞同	说不清楚	不太赞同	不赞同	总计
男性	507 (41.08%)	428 (34.68%)	161 (13.05%)	77 (6.24%)	54 (4.95%)	1227
女性	617 (54.75%)	343 (30.43%)	95 (8.43%)	40 (3.55%)	32 (2.84%)	1127
总计	1124 (47.61%)	771 (32.66%)	256 (10.84%)	117 (4.96%)	86 (3.93%)	2354

　　从表 2—4—2 中的比例可以看出，无论是男性的被试群体还是女性被试群体对待"买东西最好自己带购物袋"的看法都倾向于赞同，而女性群体赞同的比例（比较赞同和非常赞同两项）为 85.18%，高于男性群体赞同的比例（75.76%），尤其是持有"非常赞同"观点的女性被试群体比例为 54.75%，远高于男性被试群体持相同观点的比例 41.08%。

　　根据表 2—4—3，性别与"买东西最好自己带购物袋"相关分析的 Gamma 系数为 0.243，其显著性水平为 0.000，小于 0.05，结果十分显著，说明性别与"买东西最好自己带购物袋"呈 Gamma 正相关与 Beta 相关。

表 2—4—3　　　性别与"买东西最好自己带购物袋"相关分析

	Gamma 系数	显著性水平
性别 / 买东西最好自己带购物袋	0.243	0.000

　　因此，通过上述分析，可以认为，人们普遍赞同"买东西最好自己带购物袋"，而较男性而言，女性更愿意在购物时自己携带购物袋，女性的购物习惯较男性更为低碳环保。

（2）居住地与环保主体观念（"环境保护是政府的事，跟家庭没关系"）的关系

根据统计分析结果显示：

表 2—4—4　居住地与"环境保护是政府的事，跟家庭没关系"的相关分析

	非常赞同	比较赞同	说不清楚	不太赞同	不赞同	总计
城市	58 （3.10%）	77 （4.18%）	166 （9.02%）	527 （28.70%）	1012 （55.00%）	1840
乡镇	8 （3.59%）	12 （5.34%）	31 （13.90%）	71 （31.84%）	101 （45.37%）	223
农村	40 （13.42%）	20 （6.71%）	31 （10.40%）	62 （20.81%）	145 （48.66%）	298
总计	106 （4.50%）	109 （4.63%）	228 （9.67%）	660 （27.92%）	1258 （53.28%）	2361

从表 2—4—4 数据比例中可以看出，对于"环境保护是政府的事，跟家庭没关系"这一选项，被试群体中城市居民反对的比例更高，选择"不太赞同"和"不赞同"的比例合计为 83.70%，而乡镇居民和农村居民中相应比例依次降低，分别为 77.21% 和 69.47%。

反过来看，赞成这一观点的居民比例，城市居民比例为 7.28%，乡镇居民比例为 8.93%，农村居民比例为 20.13%，依次上升，说明农村居民较多支持"环境保护是政府的事，跟家庭没关系"，乡镇和城市的居民相应比例依次降低，乡镇居民居中，城市居民较少支持这一观点。

表2—4—5　　"性别"变量与"环境保护是政府的事，跟家庭没关系"
有效值

			Value
Nominal by Interval	Beta	"性别"变量 Dependent	0.165
		"环境保护与家庭" Dependent	0.137

综合表2—4—4和表2—4—5，"居住地"与"环境保护是政府的事，跟家庭没关系"呈 Beta 相关（"居住地"因变量有效值0.165，"环境保护是政府的事，跟家庭没关系"呈 Beta 相关因变量有效值0.137）。这一相关性说明，城市居民更大程度上认为环保不单单是政府的责任，也是家庭的责任，比较而言，城市居民对该观点的反对态度强硬于乡镇和农村居民，农村居民对该观点的支持比例远高于城市居民和乡镇居民，乡镇居民的态度居中。

（3）婚姻状况与环保主体观念（"环境保护是政府的事，跟家庭没关系"）的相关性分析

婚姻状况和"环境保护是政府的事，跟家庭没关系"态度的相关性如下表所示：

表2—4—6　　婚姻状况与"环境保护是政府的事，跟家庭没关系"的关系

	非常赞同	比较赞同	说不清楚	不太赞同	不赞同	总计
未婚	19 (1.71%)	34 (3.05%)	90 (8.08%)	298 (26.75%)	673 (60.41%)	1114
已婚	83 (7.09%)	65 (5.55%)	133 (11.36%)	336 (28.69%)	554 (47.31%)	1171
离异	1 (2.44%)	6 (14.63%)	3 (7.32%)	15 (36.59%)	16 (39.02%)	41
丧偶	3 (8.57%)	4 (11.43%)	2 (5.71%)	11 (31.43%)	15 (42.86%)	35
总计	106 (4.49%)	109 (4.62%)	228 (9.66%)	660 (27.95%)	1258 (53.28%)	2361

　　表 2—4—6 中，未婚的被试群体反对"环境保护是政府的事，跟家庭没关系"观点的比例更高，选择"不太赞同"和"不赞同"的比例合计为 87.16%，远高于已婚被试群体（76%）、离异群体（75.61%）、丧偶群体（74.29%）的相应比例。

　　从对此观点持赞同的比例来看，未婚被试群体持"非常赞同"和"比较赞同"的比例合计为 4.76%，远低于已婚被试群体（12.64%）、离异被试群体（17.07%）和丧偶被试群体（20%）的相应比例。

　　从支持和反对，即正反两方面来看，都说明未婚群体更为反对"环境保护是政府的事，跟家庭没关系"的观点，其态度强于已婚群体，离异群体和丧偶群体的态度依次减弱。

表 2—4—7　婚姻状况与"环境保护是政府的事，跟家庭没关系"相关分析

		Value	Asymp Std. Error[a]	Approx T[b]	Approx Sig.
Ordinal by Ordinal	Gamma	− 0.256	0.031	− 8.027	0.000
N of Valid Cases		2361			

　　根据 SPSS 统计分析结果显示，婚姻状况与"环境保护是政府的事，跟家庭没关系"呈 Gamma 负相关和 Beta 相关，由表 2—4—7 可知，Gamma 相关系数为 − 0.256，显著性水平为 0.000，结果十分显著，可认为两者相关性很强。这说明未婚人群在更大程度上认为环保不单单是政府的责任，也是家庭与个人的责任。已婚群体对此的态度弱于未婚人群，而离异和丧偶群体的态度依次降低，其中丧偶人群认为"跟家庭没有关系"的比例最高。

　　通过上述两项相关性分析，可以得出以下结论，居民总体上是反对"环境保护是政府的事，跟家庭没关系"的观点。但对此观点不同居住地和不同婚姻状况的人群存在不同的看法，具体如下：

　　城市居民对此观点的反对比例高于乡镇居民与农村居民，而农村居民对此观点的反对比例低于乡镇和城市居民，相应的农村居民中对此观点持支持态度的人数比例也是最高的；对于此观点，乡镇居民无论是支持的人数比例还是反对的人数比例都居中。可以推断不同居住地居民对待环保主体态度上的不同看法与其对环境保护的直接感知有关，城市中环保的具体措施和行为已经开始落实到以家庭为单位，如垃圾分类等，城市居民通过媒体宣传和在实际政策执行中，普遍接受了家庭应当承担环保责任的观点。相反，由于我国的特殊社会发展情况，农村的环境保护进度远落后于城市，农村居民并没有城市居民的感受强烈。而乡镇居民对此观点的态度居中，也印证了我们的推断。

　　未婚人群在更大程度上反对此观点，他们普遍认为环保不单单是政府的责任，也是家庭与个人的责任，而已婚群体对此的反对态度弱于未婚人群，离异和丧偶群体的反对态度依次降低，其中丧偶人群认为"跟家庭没有关系"的比例最高。由此可以推断，不同婚姻状况意味着承担不同的家庭责任和对家庭责任的不同理解，进而影响了对"家庭是否是环保主体"的认识。具体而言，未婚人群的"单身"身份，意味着还没有真正组建家庭、承担家庭责任，普遍认为家庭也应该承担家庭责任；而一旦建立起家庭，承担起家庭的责任，就影响了对待此观点的态度；而离异和丧偶人群因为其婚姻状况更为特殊，其态度则更为复杂。

（三）生活生态观的构成与主要内容

　　如前所述，在"生活与环境"的量表设计中，我们希望考察三组关系，即从"居住与饮食"、"服饰与出行"、"生活方式与公共性"这三个角度考察被调查者在生活中的生态观，其中三个的部分问题关系密切、交叉隐含，相互印证。通过对量表的平均值、标准差以及相关性分析，我们可以看出被试群体对于生活与生态环境之间关系的认识和观念，其可以总结归纳为以下几个方面。

　　1. 居住与饮食：符号化需求

　　提到关于需求的理论，人们最先想到的是马斯洛的需求层次理论。马斯洛的需求层次理论认为人的需求包括生存需求、保障或安全、归属或承认、尊重、自我实现五个层次。人们必须先满足低层次的需求，然后再满足高层次的需求。但是实际上后来的学者发现人的需求的满足并不是纯线性的从低到高依次满足的过程，而是几个层次的需求全面发展的过程。在现代社会当中，从物质需求到精神需求，需求的各个方面已经逐渐融合在一起，成为不可分割的整体。物质需求的满足过程当中也伴随着对于精神需求的追求，而不再单纯是过去在传统社会当中对于衣食住行等方面的简单满足。

现代人的需求在很大程度上是被人为构建出来的，即从过去的"need"（需求）逐渐转变为现在的"want"（欲望）。工业文明的不断发展创造了巨大的社会财富，在利润的驱使下人们不断地扩大再生产。产品的增加同时要求人们的需求增长，于是生产商、广告商必须用尽浑身解数来刺激消费，为消费者创造新需求。人们不得不置身于这样的一个环境当中，生产商、广告商和媒体形成了共谋，在我们作为人类本身的最基本的需求之外，为人们不断创造新的需求。这其中包括无数的虚假需求，其实这些东西并不是必需品，但是他们告诉人们在这个时代这类商品是必须要拥有的，此时它的意义已经被整个社会符号化了，消费者就这样被绑架到了消费主义的大潮当中。

本次调查从居住和饮食两方面考察我国公民的生活生态观，相关选项如下所示：

表 2—4—8　　　　　　　　部分题目摘选

问题	平均值	标准差
+1. 买房子，要优先考虑城市的空气质量	4.12	0.967
－2. 住在有污染的大城市也比环境好的小城市和农村有面子	3.73	1.258
+7. 有钱也不吃"鱼翅"	3.45	1.279

访谈资料也有助于我们理解人们在住和吃方面的观念现状：

访谈资料 17（某事业单位职员）：

作为中国公民，我们都有义务为环保事业出力，说起来好像需要投入很多时间和精力，其实从自己的生活习惯和消费习惯入手，注意细节，很容易就做到了。

访谈资料 8（某纺织企业全省售部经理）：

住在大城市就是这样，像北京，空气质量肯定不好，但是工作在这里发展更好，也不一定是面子的问题，当然我有些同学也有觉得在外读书又回去挺没面子的。

访谈资料 10（某机电厂办公室主任）：

吃饭打包是个好习惯，不过我们打包回去也不一定就吃，这个习惯还是好的……点菜也看场合，家人吃饭一般不会点那么高档的菜，要是是"局"就不一定了，考虑到场合，有的时候还是要点些好菜。

如上所示，本调查中有三个问题与居住和饮食相关，分别是"B1 买房子，要优先考虑城市的空气质量"、"B2 住在有污染的大城市也比环境好的小城市和农村有面子"，"B7 有钱也不吃'鱼翅'"。其中 B1 数据分析得出结论显著性明显，较具有代表性，说明现代人对于生活质量的要求较高，需求层次已经位于较高的位置。而 B2 和 B7 标准差较大，说明对于这两题人们的答案是有争议的，这正体现出了传统的饮食观与现代观点的冲突。

古人曰："食色，性也。"饮食作为人类生存的最基本需求之一，也早已脱离了单纯的天性行列。在果腹之外，饮食还有更多的意义，人们不断地追求营养健康的饮食习惯，还将饮食作为美容、瘦身的重要手段。此外饮食也要讲究品牌，许多简单的食品因为其品牌的附加值变得价格昂贵，人们去吃这些东西也不单纯是为了美味，很多时候也是对自身品位和社会地位的标榜。吃饭一旦变成"饭局"，也就具有社会交往的功能。饭桌向来是解决问题的好场所，无论什么社会阶层的人都热衷于通过"饭局"解决问题。可见一个简单的"吃"已经拥有复杂的社会意义，而人们的居住更加成为社会热点问题。

随着城市化的发展城市规模不断扩张，城市人口也越来越多，城市寸土寸金，人们对于生存空间的竞争越来越激烈。中国人对于家的概念从"家"字的结构就能看出，我们对于作为家的场所非常重视，只有有房子才算有家，而在这个房价不断飙升的时代中，没有房子就几乎连作为城市一员的身份都难以得到认同。因此房子也成为了具有重要社会意义和文化意义的标志，成为人们生活的必需品。就这样，"食"和"住"都被现代社会重新赋予了新的意义。

总之，人们在处理个人需求满足与生态环保的关系上，需求层次较高，尤其对于与自身联系紧密的生活方面非常关注，体现在居住环境的选择上一致认为应当"优先考虑城市空气质量"，而这也和生态环保的观念相吻合。但一旦涉及关乎"面子"的居住地选择时，人们的意见又不一致，通过访谈资料的分析可知其中相关因素多且复杂。而对于饮食的选择上，人们的意见也存在着分歧，体现在"吃鱼翅"这个象征性、符号化的消费行为中。这两者都能够体现出一定程度的中国传统文化的"面子"问题，是身份问题，鱼翅这种被认为是高档食品，如同人们住在大城市、大房子、点吃不完的菜、买名牌一样都是身份的体现，都是很有"面子"的事。可见，当下我国公民对需求的争议性体现了传统和现代的冲突。

2. 服饰与出行：身份化消费

在工业革命之前，由于受当时物质生产方式制约，社会主流价值观念多半将消费同奢侈、浪费、耗费的意义直接等同，没有真正理解消费对人存在的意义，尤其是对作为个体的人的发展、完善的物质基础作用没有凸显出来。技术革命以来，现代市场经济快速地把消费纳入促进其扩张的轨道，使消费日益成为与人的需要、人的本性相异化、相分裂的"怪兽"。当人类惊讶于自己正变成依靠外在的物质资料来证明"自我"存在价值的消费动物时，一种危机意识在人们心中升起。我们在问卷调查中设置了与此相关的三个问题，分别是"B4 买车，我会选择小排量的车"、"B5 就是路不远，我也要开车去"，以及"B8 买得起也不能穿'皮草'"。试图通过对这三个问题的分析进而展现出生活中服饰与出行方面的价值观。

表 2—4—9　　　　　　　　　　　部分题目摘选

观点	平均值	标准差
+4. 买车，我会选择小排量的车	3.91	1.094
−5. 就是路不远，我也要开车去	4.10	1.087
+8. 买得起也不能穿"皮草"	3.35	1.283

本次在调查中设置了对"皮草"所持态度的问题，据统计结果显示，人们对"买得起也不能穿'皮草'"这一观点的赞同平均值为 3.35，说明人们对这一问题的答案是基本上不赞同。同时此项的标准差较高，又说明被试群体意见分散，人们对"穿皮草"的看法是多元的。在现代社会，皮草已然成为一种财富的象征，是许多"高级"时尚名人的奢侈品。人们穿戴皮草，并非维持生命所必需，他们在炫耀财富、奢华与美丽的同时，却间接促成惨绝人寰的动物杀戮。正因为皮草贸易使许多野生动物面临绝迹而饲养用于取皮的动物时，采用的饲养和杀戮方式也使动物遭受很大的痛苦，因此皮草贸易和消费也是动物保护人士所最为反对的。但是，对此目前仍有不同观点访谈资料也有助于我们理解这一现象：

访谈资料 3（某能源公司采购部经理）：

也没有说特别喜欢穿皮草，有的衣服确实挺好看，没有那么绝对说"不穿"的，我们一般也不是那种环保主义者，但是看到一些公益广告，比如什么"没有买卖就没有杀害"，我还是比较认同的。

访谈资料 6（某水厂环保部负责人）：

我觉得整个社会还是要有这个舆论导向吧，不能说提倡穿皮草，这个不太好，但我觉得这个也是个人喜好，有的人确实喜欢，别人也不能太多干涉。

调查数据和访谈资料都表明，人们对此基本持反对的态度，但是仍有部分人也认为只要经济条件允许，"穿皮草"是可以的，人们对此的态度不一。

关于居民出行问题的研究问卷中涉及两个问题，分别是："B4 买车，我会选择小排量的车"，"B5 就是路不远，我也要开车去"。对人们个体出行行为的研究，是展现人们生态观的重要途径。"买车"和"开车"均涉及到环境保护问题。本次调查试图通过问卷中的这两个问题，在总体上把握人们对购买汽车的排量大小以及出行交通工具选择的看法。

访谈资料 22（某社区居委会工作人员）：

低碳环保就是减排嘛，少开空调，多步行、骑车，这样耗能少、省钱，对身体还有益，何乐而不为啊？

访谈资料 19（某培训公司老师）：

买车这个问题看个人吧，像我们就觉得小排量车挺好的，省油，但是一般小排量的车质量一般，有的人就喜欢大排量的，也有钱供得起，确实质量也好。我觉得日本小排量车就不错，它们国家资源少，都提倡用小排量，像我们国家这几年私家车刚刚兴起，大家还没来得及想得那么超前，这也是个过程。

根据量表中关于"买车"、"开车"调查结果显示，其平均分高达 4 分，大多数人认为买车应该买小排量的车，对"就是路不远，我也要开车去"也表示不太赞同。

以上关于"服饰和出行"的分析显示，我国公民基本反对"穿皮草"和"就是路不远，我也要开车去"，基本赞同"选择小排量的车"。这说明人们开始有了一种危机和反思意识。但是人们对这三项仍然存在不同的看法，尤其是在"穿皮草"的问题上分歧最大，这反映了身份化消费对于人们观念的左右和渗透，服饰和出行代表着人们自我的展示和表达，服饰的选择和出行方式的选择体现着不同的身份符号，人们依赖于这些外在的物质建构起自我认同与他认同。

3. 生活方式与公共生活：公共意识的觉醒

关于生活方式的内涵，《中国大百科全书·社会学卷》作了比较严谨的科学表述："不同的个人、群体或社会全体成员在一定的社会条件制约和价值观指导下，所形成的满足自身生活需要的全部活动形式与行为特征的体系。"广义地说，生活价值取向、生活观念与生活实践一起，共同构成生活方式，而其生态观中是一个重要的组成部分。进入现代以来，生活方式发生了革命性的变化，英国社会学家吉登斯甚至将全球化的实质表述为"以一种非常深刻的方式重构我们的生活方式"①。总是，在衣食住行等方面，人类的生活方式经历了巨大的变革。公共性是近年来学界讨论的热点。转型期我国社会中生态和环境都具有非竞争性和非排他性两个特征，符合经济学对公共物品的定义，因此生态具有公共性。无论是日常呼吸的空气、生活用水、河流、矿产，还是森林和湿地，都成为地球提供给人们共享的生产和生活资料来源。

近年来伦理学、社会学开始从社会因素及伦理文化的角度找寻当前我国生态环境公共性被弱化问题的原因，即我国社会正在进行的大规模的社会转型和经济发展以及由此带来的转型效应。这种转型效应逐步导致了环境公共物品非竞争性和非排他性特征的丧失，

---

① ［英］安东尼·吉登斯：《失控的世界》，周红云译，江西人民出版社 2001 年版，第 4 页。

使得具有公共物品特性的环境具有了市场的竞争性和排他性特征。如今有许多公共生态资源被他人据为己有的现象日益增多，引起学界和社会的关注。由于改革过程中环境的主体性即它的物品属性被市场所重视和强调，本应该通过非竞争性和非排他性方式由政府提供的环境物品，反而由市场来提供，这就导致环境物品的客体性，即环境物品的公共性被忽视，从而出现了环境与生态方面的问题和风险，而这些问题和风险因为环境物品公共性的丧失，又导致某些特定社会群体来承担这些风险，进而造成了影响社会稳定、和谐发展的困境。

　　本次调查在考察"生活与环境"时，对于生活方式和公共性的关系进行了研究，涉及选项的分析结果如下：

表 2—4—10　　　　　　　　　部分观点摘选

观点	平均值	标准差
−3. 环境保护是政府的事，跟家庭没关系	4.21	1.084
+6. 买东西最好自己带购物袋	4.16	1.044
+9. 不缺水也要省着用	4.39	0.921
+10. 就算电池对环境污染再小，也不应该随便乱扔	4.48	0.871

　　数据分析表明，人们普遍认为反对"环境保护是政府的事，跟家庭没关系"的观点，赞同"买东西最好自己带购物袋"、"不缺水也要省着用"以及"不能随便乱扔电池"的观点。其中对"不缺水也要省着用"以及"不能随便乱扔电池"两个观点，被试群体一致反对，体现出了人们在生活习惯上反对污染环境和浪费资源的做法。而对于"环境保护是政府的事，跟家庭没关系"的观点，不同居住地和不同婚姻状况的人群有着不同的看法；男性和女性对于"买东西最好自己带购物袋"的说法也存在不同差异。

　　访谈资料也说明了以上观点：

访谈资料 13（某食品加工厂销售经理）：

地球不是人类的，我们只有居住和使用权，人类也不是地球唯一的居民，不能侵犯其他生物的权利。这就好比地球是一栋楼，人类可能是其中的住户，可以住，但是不能改造其中的房屋结构，也不能不让其他生物入住，就是这样。

访谈资料 10（某机电厂办公室主任）：

就像刚才说的人类不是地球的主人，有些东西需要，就用一点，但是不能"毁灭式"地开采，现在都用完了以后怎么办？像石油还有煤。土地也是资源吧，但是人类无止境扩张，热带雨林都快毁完了，这里面生活的动物怎么办？还有些东西根本就不能称其为资源，比如这个象牙吧，作为奢侈品这就是个玩的东西，但是为了这个东西就要把大象赶尽杀绝了，所以不是所有的资源我们都有权开发利用，这个观念是错的。

这表明人们在环保主体的认识上，倾向于认为环境保护不仅是政府的责任，也是家庭的责任。人们作为个体也已经开始承担起环保的责任，体现在购物习惯和生活习惯上开始注重低碳环保。

但是人们的环保责任意识是有条件、有限度的，生活方式呈现出"有限的公共性"。数据分析显示，不同居住地的居民（城市、乡镇、农村）和不同婚姻状况下的人们（未婚、已婚、离异、丧偶）对于"环境保护是否与家庭有关"存在不同看法，其中城市居民和未婚人群更倾向于认为环境保护不仅是政府的责任，也是家庭的责任；而乡镇、农村居民和已婚、离异、丧偶人群对此的态度弱于城市居民和未婚人群，这与居住地不同对环境保护的实际体验不同，以及承担的不同家庭责任、对家庭责任的理解不同，有着密切关系，之前对此的相关性分析也印证了这一推断。而在生活习惯上，男性群体和女性群体的不同行为和态度也说明，男性和女性在承担生态环保责任上的作为是不一样的，体现在购物习惯上，相比较而言，女性比男性更习惯于从小事做起。

（四）结论：有限公共性的生活观

本次调查结果显示，尽管人们的生态观存在上述"个人化"倾向，但在生活方式方面已经显现出"生态环保"因素的影响力。

第一，人们对于日常生活和环境之间的关系已经有了一定认识，人们在生活方面的环境保护态度初步达成共识，大多数人在保护环境、绿色生活方面从我做起，意识到保护环境的重要性。

第二，被试群体普遍认为在日常生活方面应关注"生态环保"的因素，居住、饮食、服饰和出行方式的选择体现了人们需求层次的提高，尤其是现代性自我表达的需要。也反映出人们环保意识的增强。

第三，被试群体一致反对生活中污染和破坏环境的做法，生活习惯方面已经具有一定的低碳环保意识，但在涉及"面子"等因素时，又认为环境污染可以视情况而定。调查结果显示人们对于饮食、服饰和出行方式的选择方面意见不一致。具体为被试群体在是否可以"吃鱼翅"和"穿皮草"上意见分散，不认同有钱就可以吃穿无度，但对此也有很多不同的看法；在购车、出行方式选择和购物习惯上是否一定遵从"低碳环保"的原则，存在不同看法，其中女性在购物习惯上比男性更加注重"低碳环保"；被试群体基本不认为住在有污染的大城市比住在环境好的小城市和农村有面子，但对此仍然存在较多不同意见。

第四，绝大多数人在生活方式上具备了"有限的公共性"意识，普遍认为环境保护不仅是政府的事也是家庭的责任，但人们的环保责任意识是有条件、有限度的。不同居住地的居民（城市、乡镇、农村）和不同婚姻状况下的人们（未婚、已婚、离异、丧偶）对于"环境保护是否与家庭有关"存在不同看法，其中城市居民和未婚人群更倾向于认为环境保护不仅是政府的责任，也是家庭的责任，而乡镇、农村居民和已婚、离异、丧偶人群对此的态度弱于城市居民和未婚人群。

综上所述，现代工业革命把人类社会带入一个全新的高科技时代，这不仅是一场史无前例的"技术革命"，同时更是一场人类文明史上的"道德革命"。直面环境污染、资源短缺、能源枯竭与全球性气候变暖的时代难题，人类的生存和发展遭遇自然和社会道德的双重压力。之前的研究表明，当今生态观的"生态缺陷"主要体现为以个体为中心的个人主义和利己主义，体现为专注于物质生活的物质主义、消费主义和享乐主义，因而从总体上说是一种"个人化"的生态观。长期如此发展容易导致人们沉醉于世俗的生活，物欲膨胀，轻视生命，道德虚无，精神失衡，造成人们的自然家园和精神家园的双重破坏。

第五篇　"生存与生态"专题

（一）本篇导言

46亿年前，地球从太阳星云中开始静静孕生，大气、水、生命成为构成地球的重要元素。亿万年后，地球上呈现出蓬勃发展的生命图景，各种物种经历着各自的生命周期，而人类也在自己的发展过程中，渐渐成为地球生命的主体。人类生存与生态环境之间的关系产生着微妙的变化，一方面，人类在不断适应生态环境的生存过程中，壮大着自身的能力，发展了改造和利用自然的方法与技术；另一方面，人类为了自己的欲望，正在对生态环境进行着肆意的掠夺。环境的恶化、生物物种的锐减、资源的枯竭等现象，正逐渐变为威胁人类生存的问题。

人们逐渐意识到生态环境对于人类发展的重要性，人类不能自恃科技而忽视自然的力量，更不能对生态环境肆意掠夺，违逆自然规律的结果是将自己与整个生态环境对立起来，当人类将自己独立于生态系统之外、俯视自然时，人类就会不自觉地落入了自己设立的陷阱，大自然对骄妄人类的警戒和惩罚不断显现，如何平衡人类生存与生态环境之间的关系，天平的两端孰重孰轻？人类的生态价值观起着重要的作用。

本次调查研究为了全面考察我国公民的生态价值观，设计了人类生存与生态的相关调查项，人类与自然的关系是改造与掠夺，还是依存与共赢？是主宰与对立，还是共处与和睦？是改造与破坏，还是利用与保护？通过三个方面关系的分析，考察被调查者对人类生存与生态环境间关系的态度与观点，具体分析结果如下。

（二）本篇数据分析

1. 原始问卷中"生存与生态"量表分析

下面是关于"生存与生态"关系的一些说法，您是否同意这些说法？请在与您观点一致的选项内打"√"。

	非常赞同	比较赞同	说不清楚	不太赞同	不赞同
1. 谁也斗不过老天爷	5	4	3	2	1
2. 人才是地球的主人	1	2	3	4	5
3. 地球的资源是全世界各国共有的	5	4	3	2	1
4. 在自然界，动物和人应该是平等的	5	4	3	2	1
5. 地球的资源总有一天会用完	5	4	3	2	1
6. 泥石流是三分天灾，七分人祸	5	4	3	2	1
7. 少种点粮食，多种树	5	4	3	2	1
8. 气候不正常是人自己惹的祸	5	4	3	2	1
9. 应该设立更多的自然保护区	5	4	3	2	1
10. 山清水秀，才能人杰地灵	5	4	3	2	1

　　以上是"生存与环境"关系的量表，量表通过 10 道题来考察被试者如何看待人与环境之间的关系。其中第 1、4、6、8、10 题，是"索取与掠夺，还是依存与和谐"观念的考量；第 2 题是"主宰与对立，还是共处与和睦"观念的考量；第 3、5、7、9 题是"改造与破坏，还是利用与保护"观念的考量。三个方面联系紧密，互有交叉。

　　2. "人与环境"量表的数据分析

　　根据分析量表所采集到的数据，我们对其进行了百分比、平均值、标准差以及相关性的分析，通过上述项我们可以分析出被试群体的生存生态价值观，数据分析如下：

　　在"生存与生态"量表中共包括 10 个题目，为了便于统计，我们将每一题进行了正赋值或负赋值，本量表中 9 项为正赋值，1 项为负赋值，其中正赋值选项答案从不赞同到非常赞同赋值为 1、2、3、4、5，负赋值选项答案从非常赞同到不赞同赋值为 1、2、3、4、5。

　　平均值是所有被试者对一道问题得分的总和除以被试者人数所得，可以体现被试者生态观的整体趋向。故在量表中，正赋值选项的平均值得分越高（ >3），则表示被试群体越偏向比较赞同、非常赞同的题目的说法；反之，则比较偏向不赞同的说法。

　　量表中标准差表示被试群体在某一问题上的观点的差异程度，标准差值越小（小于1），则表示被试群体在某一问题上的观点越集中，从而平均值越具有代表性；标准差越大（大于1），则表示被试群体在某一问题上的观点差异性越大，其相对应的平均值的代表性就弱。

　　以下将通过平均值、标准差的检验对此量表中的数据加以分析。

　　1. 平均值分析

　　通过对量表中每一项的统计数据进行平均值的检验，结果如下表：

表 2—5—1　生存与生态观量表平均值得分状况

	平均值
+1. 谁也斗不过老天爷	3.48
-2. 人才是地球的主人	3.11
+3. 地球的资源是全世界各国共有的	4.10
+4. 在自然界，动物和人应该是平等的	4.09
+5. 地球的资源总有一天会用完	4.19
+6. 泥石流是三分天灾，七分人祸	4.04
+7. 少种点粮食，多种树	3.19
+8. 气候不正常是人自己惹的祸	3.75
+9. 应该设立更多的自然保护区	4.14
+10. 山清水秀，才能人杰地灵	4.17

第一，所有选项的平均值均高于 3，表明被试群体对于人类生存与生态环境之间的关系有了自己的明确观点，调查结果能够反映出被试群体的生态价值观和生态理想。

第二，在 10 项观念调查中，9 个正赋值选项的平均值为 3.19—4.19，说明被试群体对此 9 项正负值题目的观点持赞同态度，具体如下：

（1）"谁也斗不过老天爷"一项的平均值是 3.48，说明被试群体选择比较赞同该观点的人居于多数，可以推断，目前，我国公民对于自然仍存有"敬畏之心"，认同自然环境具有自身的发展规律，认为人类在生存的过程中不能够改变自然规律，如果与自然对立则会造成严重后果。这一统计结果终结了我国多年以来"人定胜天"的生态价值观。

（2）"地球的资源是全世界各国共有的"一题的均值是 4.10，说明多数人选择了非常赞同的选项，这一统计数据表明：我国公民对资源的观念具有开放性和平等性的特点，认同人类享有资源的平等地位，没有人能够对自然资源肆意占有、索取和破坏。

（3）"在自然界，动物和人应该是平等的"一题的均值是4.09，表明被试群体非常同意"生命与生命的价值不能用物种来衡量"的观点，被试群体认为在自然界，动物同人一样拥有尊严和权利，它们是组成世界的一部分。

（4）"地球的资源总有一天会用完"一题的均值是4.19，是该量表中分值最高的一题，这一统计结果表明，目前国人非常赞同该观点，人们认识到了地球资源的有限性。由于可再生资源的再生周期十分漫长，加上对于不可再生资源的无节制索取会导致地球资源的枯竭，当下国人已经确立了资源的"危机意识"，这是对工业文明的集体反思。

（5）"泥石流是三分天灾，七分人祸"一题的均值是4.04，表明被试群体赞同该观点，说明被试群体认识到，人为地破坏环境，已经成为造成自然灾害的主要原因。

（6）"少种点粮食，多种树"一题的平均值是3.19，是该量表中正赋值题目中分值最低的，这一统计结果说明，被试群体的答案选择集中在"说不清"和"比较赞同"之间，而诸多人选择了"说不清"的答案，这说明，长期以来，粮食问题在我国国民的观念中占有重要地位，对粮食短缺的担忧，使他们对目前我国实行的"退耕还草"政策，持一定的质疑或不乐观态度。

（7）"气候不正常是人自己惹的祸"一题的平均值是3.75，表明被试群体基本同意该观点，即被试群体认为气候的异常很大程度上缘自人类对于环境的破坏。3以下的平均值也说明部分被试者对这个问题持"说不清"的观点。

（8）"应该设立更多的自然保护区"一题的平均值是4.14，表明被试群体同意该观点，也说明我国国民对目前我国实施的自然保护区政策持肯定态度，被试群体认识到了有代表性的自然生态系统、珍稀濒危野生生物种群的重要性，认同需要保护他们以及保护他们原有的生态状况和生存环境的做法。

（9）"山清水秀，才能人杰地灵"一题的平均值是 4.17，说明被试群体同意该观点，他们认识到自然环境对于人的基本生产和生活，对于人的身心健康，具有直接重大的影响，只有良好的生态环境才可以促进人的发展。

第三，唯一一项负赋值选项——"人才是地球的主人"的平均值是 3.11，表明被试群体的答案介于"基本不同意"和"说不清"之间，说明被试群体对于人与地球的关系持谨慎态度，同时也表明，我国国民认为人与地球的关系不是主人与奴隶、主宰与被主宰的关系，而是平等和睦、协调共生的关系。

2. 标准差分析

通过对量表中每一题的统计数据进行标准差的检验，结果如下表：

表 2—5—2　　　　　生存与生态观量表标准差得分状况

	标准差
+1. 谁也斗不过老天爷	1.390
−2. 人才是地球的主人	1.370
+3. 地球的资源是全世界各国共有的	1.075
+4. 在自然界，动物和人应该是平等的	1.117
+5. 地球的资源总有一天会用完	1.022
+6. 泥石流是三分天灾，七分人祸	1.008
+7. 少种点粮食，多种树	1.202
+8. 气候不正常是人自己惹的祸	1.054
+9. 应该设立更多的自然保护区	0.933
+10. 山清水秀，才能人杰地灵	1.007

结果显示，第 1、2、7 选项的标准差大于 1.2，说明这三项被试群体的观点差异较大，而第 9 选项的标准差最小，为 0.9，说明

被试群体在这一项上的观点比较集中，逐一对这四项进行分析：

第9项"应该设立更多的自然保护区"的标准差为0.933，说明被试群体在这个问题上观点比较集中，此题的平均值代表性较强，同时，由于它的平均值大于4，比较高。说明被试群体对于"应该设立更多的自然保护区"来保护生态环境保护，有着很高的一致认同度。

第1项"谁也斗不过老天爷"的标准差最高，为1.390，说明被试群体在这些问题上观点差异性较大，在对于人类改造自然与自然规律的关系上存在一定的分歧。

第2项"人才是地球的主人"的标准差为1.370，居于1.390之后，说明被试群体在这些问题上观点差异性也较大。

第7项"少种点粮食，多种树"的标准差为1.202，说明被试群体在这些问题上观点差异性较大，在对于人类生存与绿色生态的选择上比较分散，此题的平均值代表性较弱。

综合10项的平均值和标准差分析，能够得出以下结论：

（1）被试群体对于"谁也斗不过老天爷"这一观点基本同意，但总体选择同样较为分散，观点差异较大，说明被试群体对于人类生存与自然规律的认识存在着分歧。在这里我们可以理解为，是改造自然，还是利用自然；是与自然共存共生，还是掠夺和破坏自然的分歧。

（2）被试群体对于"人才是地球的主人"这一观点基本持否定的态度，但总体选择同样较为分散，观点差异较大，说明被试群体对于人类与地球之间关系的认知程度并不一致。在这里我们可以理解为我国国民正在摒弃"人类中心主义"的生态价值观，向着可持续发展的生态价值观过渡，而新旧过渡过程中往往很难形成一致观点。统计数据也表明，我国国民中的多数人已经认识到，人类如果自恃为主宰地球的君主、肆意掠夺资源，将会受到大自然的惩罚。

（3）被试群体对于"地球的资源是全世界各国共有的"这一

观点的平均值高达 4.10，说明被试群体基本同意这一观点，同时，其标准差为 1.075，表明被试群体的意见相对一致。

（4）被试群体对于"在自然界，动物和人应该是平等的"这一观点基本同意，其标准差为 1.117，表示被试群体在这一观点上的观点存在差异。

（5）被试群体对于"地球的资源总有一天会用完"这一观点基本同意，其标准差为 1.022，表示被试群体在这一观点上的选择差异不大。

（6）被试群体对于"泥石流是三分天灾，七分人祸"这一观点基本同意，其标准差为 1.008，表示被试群体在这一观点上的选择差异不大。

（7）被试群体对于"少种点粮食，多种树"这一观点基本同意，但标准差较高，为 1.202，表示被试群体对于这一观点的选择较为分散，在这里可以考虑经济因素以及职业对被试群体选择的影响。

（8）被试群体对于"气候不正常是人自己惹的祸"这一观点基本同意，其标准差为 1.054，表示被试群体在这一观点上的选择差异不大。

（9）被试群体对于"应该设立更多的自然保护区"这一观点基本同意，其标准差为 0.933，表示被试群体在这个问题上观点比较集中，对于自然生态的积极保护态度较为一致。同时在这里我们可以理解为，设立自然保护区是政府和社会的责任，与个人利益和个人行为关系较小，所以认同度较高。

（10）被试群体对于"山清水秀，才能人杰地灵"这一观点基本同意，其标准差为 1.007，表示被试群体在这一观点上的选择差异不大。

综合 10 项的平均值和标准差分析，能够发现以下几个问题：

（1）被试群体认同生态环境有其发展规律，违反规律必会遭到惩罚，同时肯定了生态环境对于人类生存的重要性。具体反映为第 1、10 题平均值较高，肯定了自然环境的力量及山水育人的观点；第 6、8 题平均值较高，反映了被试群体将自然灾害和气候异常的结果归于人为原因。

（2）否定了人类于生态环境的主人地位，将动物和人视为平等。但存在着观点差异，具体反映为第 2、4 题平均值较高，但标准差均也较高，表明被试群体对于这两道题目的观点有差异。

（3）被试群体意识到资源紧缺问题，具体反映为第 3、5 题平均值较高，表明被试群体意识到地球资源面临全球性的紧缺，资源是全球共有的，保护资源的责任也应当共同承担。

（4）关乎被试群体切身利益的题目分歧较大，如第 7 题标准差较高。而与个人责任关系较小的题目观点较为一致，如第 9 题标准差较低，被试者对这一题目认同度最高。

3. 相关性分析

通过对量表中各选项和其他变量进行相关性分析，结果显示：婚姻状况与"人才是地球的主人"这一项呈 Gamma 负相关和 Beta 相关，这说明未婚人群更不赞同"人才是地球的主人"这一说法。如表 2—5—3 所示：

表 2—5—3　婚姻状况与"人才是地球的主人"相关性统计

	非常赞同	比较赞同	说不清楚	不太赞同	不赞同	总计
未婚	124	181	220	311	278	1114
已婚	246	271	243	233	178	1171
离异	7	7	8	9	10	41
丧偶	10	7	7	6	5	35
总计	387	466	478	559	471	2361

为了能够更加清晰地体现这种区别，我们把以上数字以图形的形式呈现出来，如下图所示：

未婚人群中对"人才是地球的主人"持不太赞同和不赞同的比例超过了 50%，而表示非常赞同和比较赞同仅占 27%。

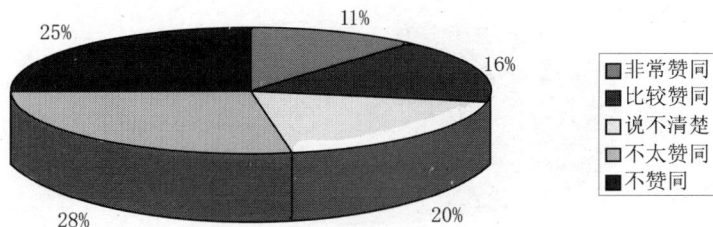

图2—5—1 未婚被试人群中对"人才是地球的主人"这一观点的态度比例

已婚人群中对"人才是地球的主人"持不太赞同和不赞同的比例仅为35%，而表示非常赞同和比较赞同的比例占到了44%。

对"人才是地球的主人"不赞同的人群中，未婚人群占59%的比例，高出已婚、离异和丧偶人群所占比例的总和。

不难看出，虽然未婚人群与已婚人群的样本量基本接近，但未婚人群中持不赞同的比例更高。说明，未婚人群更加不赞同"人才是地球的主人"这一说法。

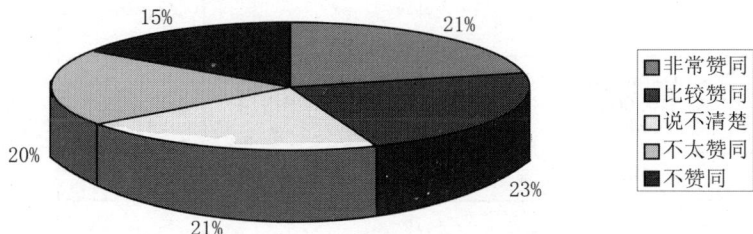

图2—5—2 已婚被试人群中对"人才是地球的主人"这一观点的态度比例

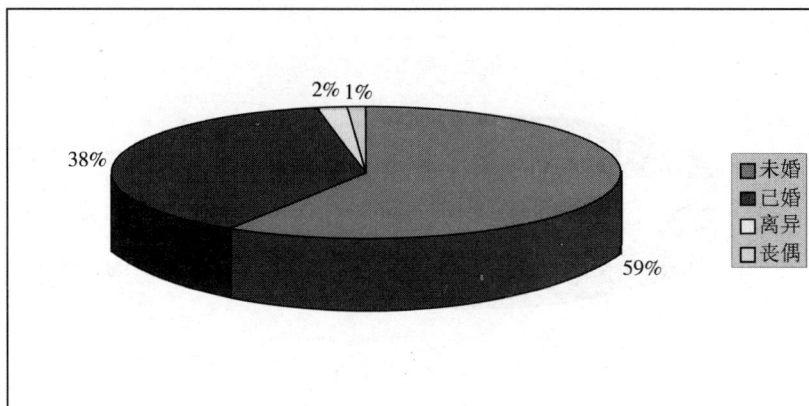

图 2—5—3　不赞同"人才是地球的主人"这一观点的人群比例

表 2—5—4　婚姻状况与"人才是地球的主人"区间变量分析

Directional Measures			
			Value
Nominal by Interval	Beta	10 Dependent	0.176
		02 Dependent	0.198

表 2—5—5　婚姻状况与"人才是地球的主人"一致性校验分析

Symmetric Measures				
	Value	Asymp Std. Error[a]	Approx T[b]	Approx Sig.
Ordinal by 0.000 Ordinal	Gamma	−0.254	0.027	−9.410
N of Valid Cases	2361			

　　同时，我们从表 2—5—4 和表 2—5—5 中可以看出，婚姻状况与"人才是地球的主人"这一项呈 Gamma 负相关和 Beta 相关。这也说明未婚被试群体较已婚、离异和丧偶被试群体更不同意这一说法。

通过量表的平均值、标准差以及相关性分析，我们可以看出被试群体对于人类生存与生态环境之间关系的认识和观念，其可以总结归纳为以下几个方面。

（三）生存生态观的结构与内容

1. 和睦共处："天人合一"的回归

上述调查表明，当下中国公民正在回归传统的"天人合一"生态价值观，主张与自然和睦共处。人类伊始，便在生态环境的滋养下不断发展，同时也在生存过程中创造出改造自然的各种方法与技术，然而，随着工业化的进程，森林被砍伐，草原被吞没，河流、空气被污染，动物被掠杀，生态危机就这样来到了人类身边。据世界卫生组织报告，目前全世界有十亿以上人口生活在污染严重的城市，而在洁净环境中生活的城市人口不到20％。全世界有1/3的人口缺少安全用水，每年有数以万计人的死亡与水污染有关，食品中毒事件经常发生。由于自然资源非正常利用，异生型人工自然物的大量滋生，干扰了自然生态的正常演化，破坏了自然系统原有的稳定和平衡，出现了全球性的生态危机。其中，"臭氧层的破坏"，"温室效应"，"酸雨危害"，已成为世界性生态危机的三大突出问题。[①]

当人类自信满满、傲视一切、妄图利用各种手段违背自然规律而满足自身贪欲、获取发展时，生态环境承受其无法承担的索取和破坏，一直以来滋养人类的大自然在饱受煎熬后，终于向人类伸出了"报复"之手，这时人们也开始了对生态环境与人类生存关系的思考，是改变与掠夺，还是依靠与帮助？是对峙分离，还是"天人合一"的回归？

自古以来，"天人合一"的思想就随着人类与生态自然的互动形成和发展起来，"天人合一"思想是中国哲学的基本精神，是人

---

① 贾来生、袁名泽：《儒家"天人合一"思想及其生态价值》，《玉林师范学院学报》（哲学社会科学版）2010年，第3期。

类在长期的劳动实践中激发出来的生活智慧和对宇宙认识的结晶。"天人合一"观念的回归和新的认知，对于目前人类看待自己所面临的生态危机是非常重要和有益的。

访谈资料33：（X市环保局书记）

您同意"人类是地球主人"的说法吗？为什么？

答：不同意。首先一个问题是，地球上生物这么多，凭什么就是人类的呢。那怎么不是一朵花，一只狗呢，怎么非要是人才能当地球主人呢。我觉得任何生物都可能是地球主人，就人不可能是。因为你看人这么破坏地球环境，他哪有什么资格当主人呢。还有一个问题是地球为什么非得要有主人呢，没有难道不行吗，地球自己就是自己的主人，而且它要是怒了，发发洪水，地震啥的，人类哪是什么主人哟，是奴隶还差不多。

访谈资料32：（某大学学生）

您同意"人类是地球主人"的说法吗？为什么？

答：不同意。人类和地球上的其他生物都是地球的主人。人类只不过比其他生物拥有更高的智慧，会利用工具，因而占有统治地位。第二次世界大战后，社会生产力突飞猛进。机器的广泛使用，为人类创造了大量财富，人类的统治地位更加牢固，而工业生产排出的废弃物却造成了严重的环境污染。大量人工制取的有毒化合物进入环境后，在环境中扩散、迁移、累积和转化，不断地恶化环境，严重威胁人类和其他生物的生存。1962年，美国女生物学家雷切尔·卡森的科普作品《寂静的春天》出版了，书中详细描述了滥用化学农药造成的生态破坏："神秘莫测的疾病袭击了成群的小鸡，牛羊病倒和死亡……孩子在玩耍时突然倒下，并在几小时内死去……仅能见到的几只鸟儿也奄奄一息……这是一个没有声息的春天。"这本书引起了全世界的强烈反响。人们惊奇地发现，在短暂的几十年时间内，工业的发展已把人类带进了一个被毒化了的环境中，而且环境污染造成的损害是全面的、长期的、严重的。人类开始认识到保护环境的重要性，60 年代起，在工业发达国家兴起了要求政府采取措施解决环境问题的"环境保护运动"。我认为人与其他生物之间应该平等相处，人类可以利用其他生物，但必须保证生物生存的基本条件，这是权利与义务的体现。

访谈资料 22：（某社区居委会工作人员）

你知道人类起源的故事吗？你认为在人类形成过程中人与自然是什么关系？

答：知道，就是女娲补天剩下的泥巴捏成了人，西方就是亚当夏娃的故事。但是这些都是神话传说，人类起源通俗点说就是人是从猴子变的。就是达尔文说的从猴子变成猿，再通过直立行走解放了双手从而成为人。

人类在形成过程中是一个适应自然环境到改造自然环境的过程。在一个自然环境下首先是适应，这样才能存活下来，等到存活不是问题了，力量大了，就要改造环境以求生活得更好。马克思说人与动物的本质区别是人会劳动，这个劳动就是改造自然为我所用的一个过程。

（1）肯定人是自然界的组成部分

所谓的"天人合一"表述了一种人类与自然的和谐关系。中国传统思想，包括儒家和道家的学说，认为相对于"人"的"天"，指整个大自然界，也有宇宙的最高实体之义。而"人"则指人类。"天人合一"思想的首要含义就是认为人是自然界的一部分，人的行为应当顺应大自然的逻辑或基本秩序。

《庄子·达生》篇中提道："天地者，万物之父母也。"不仅表明了人或其他生命都是自然的组成部分，同时强调了生态环境对于人类发展乃至整个生物系统发展的重要地位，一方面，生态环境为人类的生存发展提供了必不可少的条件和资源；另一方面，人类在不触及自然、不利用和改造自然的前提下获得生存和延续的可能性微乎其微。

人类的生存本来就要凭借自然的力量，而自然环境在人类的不断改造中也越来越适合生命的发展和延续。当然我们所说的这种改造是有限度的，对自然的无节制的开发和改造只会弄巧成拙、事与愿违，最后尝到恶果的终将是人类。恩格斯说："我们必须时时记住：我们统治自然界，绝不像征服统治异民族一样，绝不像站在自然界以外的人一样——相反地，我们连同我们的肉、血和头脑都是属于自然界，存在于自然界的；我们对自然界的整个统治，是存在于我们比其他一切动物强，能够认识和正确运用自然规律。"当人类不能够把自己看作自然的一部分，而自恃为独立于自然之外的主体时，就无法保持与自然的良好互动，在个人和群体利益的驱使下，人类忘记或无视自然界本身运动的逻辑和平衡，肆意开采和破坏，使自然丧失了动态平衡和自我修复的能力，就会造成生态危机，这不仅要破坏人类赖以生存的条件和环境，使人类无法发展，人类自己也会变得欲望膨胀、行为乖张，加剧人类内部的争夺和冲突。

东方先哲告诉我们，人类只是天地万物中的一个部分，人与自然是息息相通的一体。对人类的生存和发展必须依赖特定生态环境的观点，在调查中也有所体现。如下表：

表 2—5—6　　"生存与生态"量表第 10 题平均值与标准差得分状况

	平均值	标准差
+10. 山清水秀，才能人杰地灵	4.17	1.007

根据分析结果，被试群体的观点告诉我们，他们认同人类自身是自然的一部分，是自然的资源和环境在养育着人类，人类的生存是仰赖着生态环境的，良好的生态环境有助于人类自身的健康发展。

（2）人类在改造自然的过程中要遵循其规律

道家创始人老子明确提出了"天"与"人"的协调思想，他推崇"无为而不争"、"损有余而补不足"的"天之道"，批评"损不足而补有余"的人之道，把"天道"即自然之道视为天地万物的本原和自然界的普遍规律。所以，在这里我们讨论的"天人合一"中的另一个基本信念就是强调自然生态有其自身的发展规律和法则，人类在改造自然的过程中应始终坚持遵循自然规律的原则。

在调查中，针对被试群体对于自然规律的尊重和认同进行了问题设置，如下表：

表 2—5—7　　"生存与生态"量表第 1 题平均值与标准差得分状况

	平均值	标准差
+1. 谁也斗不过老天爷	3.48	1.390

根据分析结果，尽管被试群体对此观点基本同意，但由于其标准差较大，表明其总体选择较为分散，观点差异较大，这说明被试群体对于人类生存与自然规律有了一定程度的认识，但对其关系的理解仍有分歧。一方面，我们可以理解为，人类能够为了自身的生存和发展，不断适应恶劣的自然环境，并有效地利用自然、改造自然，建设适宜生存的家园，在这一点上，我们可以说人类战胜了自然界的恶劣条件。另一方面，我们也可以理解为，人类为了自身的进一步发展，过度地改造自然，妄图征服自然，改变自然界的运行规律，其恶果是显而易见的。

我们肯定的是，人有改造自然以满足自身生存适应需求的权利，但这种权利是建立在人类生存与生态自然的良性互动之上的，越过自然规律的界限改造自然，就违背了这种权利的基础。不同的改造过程和方式会产生不同的结果。顺应自然规律而改造自然将会促进人类自身的发展，违背自然法则而改造自然将会受到自然的惩罚。

访谈资料 32：（某大学学生）

你同意"人类有权利开采地球上的任何资源"的说法吗？

答：显然不同意。人类本来是什么权利都没有的，还不是人类一家独大，自己规定自己有权利。我定规则我就赢，谁让人类成了地球这么多生物里面最强大的一种呢。都是统治者了，那还不是想干嘛就干嘛。权利这东西很假，谁有强权，谁就有权利！我看人类离灭亡不远了，就这么搞下去，什么资源也会枯竭的，到时候哭都来不及。地球上的资源，特别是一次性资源，是大自然亿万年形成的、数量有限、非常珍贵的财富。这些资源应当由人类世世代代享用。可惜，自工业革命以来，近现代人急功近利，开发消耗自然资源达到了近乎疯狂的程度。上下百年间，不光吃掉了祖宗们的那一份，还鲸吞子孙后代那一份。对现有资源的过度开发，实际上是向子孙后代借债。"代际平等"是生态文明的三大道德准则之一。当代人为了自己享用，竟然向后代伸手，这不能不说是一种道德低下的行为，应当受到道义上的谴责。我们党和国家倡导节能降耗、建设资源节约型社会，以实现资源永续利用，实在太重要了。难道我们当代人不该为子孙后代的生存、发展想一想吗？"抢子孙后代饭碗，断子孙后代的路"，这种缺德的事，难道不应当休止？

我们看到，尽管现实中不乏顺应自然之势成功开发资源的例子，如洽川黄河湿地在原始自然景观的基础上，开发了湿地生态旅游、温泉疗养、田园观光和乡村农舍旅游等项目，另外也发掘了文化资源，打造了"情诗之源，生态之旅"的旅游品牌。[1] 但同时我

---

① 朱珉莹：《儒家"天人合一"生态观实践解读——以洽川黄河湿地景观为例》，《兰台世界》，2011 年第 11 期。

们也应当注意到，过度的开发和无节制的超负荷承载也导致了洽川湿地的温泉拥挤、旅游污染等问题的出现。这也表明，人类对于自然的改造不仅仅要遵循其规律和法则，同时也要遵循适度原则，过度的改造和利用会给生态造成巨大的负担，以致我们无法再从中获取任何资源。

随着工业文明时代的到来，以人类征服自然与"四高"——高投入、高效率、高消费、高污染①为特征的现代化建设的脚步也在逐渐加快，当人们日益增长的欲望淹没了那种初始的对自然规律的尊重，使人与自然的对立程度不断加深，甚至在某些方面达到失控的地步时，则会招致自然的严酷的反击。

在调查中，针对泥石流、气候异常与人类行为关系的问题对被试群体的观念进行调查，如下表：

表 2—5—8　"生存与生态"量表第 6、8 题平均值、标准差得分状况

	平均值	标准差
+6. 泥石流是三分天灾，七分人祸	4.04	1.008
+8. 气候不正常是人自己惹的祸	3.75	1.054

根据分析结果，被试群体的观点告诉我们，他们认同在泥石流等自然灾害以及气候异常的现象中，人类对自然的破坏行为成为其主要原因，表明被试群体已经意识到人类在生存过程中的各种行为应当顺应自然规律，尊重自然法则，否则自然将会受到破坏，而其导致的种种恶果，也只能由人类自身来承受。

《易经》中强调天有天之道，天之道在于"始万物"；地有地之道，地之道在于"生万物"；人有人之道，人之道在于"成万物"。天地人三者虽各有其道，但又是相互对应、相互联系的。人类的生存理应顺应自然之道，而"成万物"其"成"之有度也是人之道应当囊括的必要含义。

---

① 李志敏：《生态文明 VS 天人合一：暗合道妙》，《老区建设》2011 年第 5 期。

访谈资料 33：（X 市环保局书记）

谈谈您对三峡工程的看法？

答：我保持中立，首先它的正面作用是看得见的，而负面作用是难以推测的。三峡工程这种事最怕就是明明不懂还胡说八道，而我目前就是胡说八道……我们现在都不能不相信专家，而民间说法更是不可靠的。就我了解的一些情况来看，三峡工程有几个受人诟病的地方。第一是气候改变，第二是工程质量，第三是易受攻击，之外还有什么外国早已不再兴建大型水坝之类云云。其中气候改变的民间反响强烈，太多人抱怨当地气候的改变了，产生了很多极端的天气。但是这些气候变化到底是三峡工程引起的，还是气候变化的自然周期，抑或仅仅是偶然，恐怕说不清楚。毕竟三峡工程完成也没有太长时间，谁也给不出确定的解释。不能说因为极端天气与三峡工程同时发生，它们就存在因果联系。但是三峡工程改变了原本水量分布，确实可能影响原来的水循环过程。由此看出科学的解释需要相当长的时间，但是等那么久的话，再解释已经晚了。工程质量问题是值得关注的，各种小道消息纷纭，也不知真假。易受攻击的问题其实不是问题，要是别的国家铁了心要放原子弹，那无论放在哪，核战争都将被引发，世界末日不远矣，大家谁也别跑，或许还是早死早超生……

（3）对于生存的广义理解

"天人合一"思想首先在于肯定人是自然界的一部分，人与自然界的统一是根本性的，但自然界是由构成这个系统的所有部分组成的，土壤、空气、水、气候、森林、草原和各类动植物，甚至是自然界这个生态系统的基本的首要的部分，它们因而具有基本的存在权利。

在西方社会的环境伦理革命中，很多学者把关注点转移到了这个生态系统中人类之外的其他生命上，产生了动物中心主义、生命中心主义、作为整体主义的生态中心主义和罗尔斯顿的综合主义等学说和理论。

所谓动物中心主义，就是试图把道德关怀的对象扩展到动物身上，赋予动物以内在价值的一种伦理观点。泰勒所持的生命中心主义道德观认为，包括植物在内的所有生命个体都拥有自身"生命的目的性"。这种自身生命的目的就是它们"自身的善"，即它固有的内在价值。因此道德关怀的对象不能仅限于有感觉的高等动物，还应该扩展到包括动植物在内的所有生命个体。整体主义环境伦理学的鼓吹者克利考特认为，现代生态学把包括山川、岩石、土地等无机界在内的整个自然界都纳入了道德共同体的范围，把道德地位赋予了物种和生态系这类集合，而且认为个体的道德价值低于生命共同体的价值。生态中心主义的基本原则是：当一件事情有助于保护生命共同体的和谐、稳定和美的时候，它就是正确的；当它走向反面时，就是错误的。"综合主义"环境伦理学的集大成者罗尔斯顿从两个方面证明了动物、植物的个体，各种物种以及泥土、岩石和整个生态系、大自然的内在价值。① 尽管学者曾小五在研究中将以上观点所采用的方法定义为个体主义或个体主义和整体主义的综合，他通过解读"天人合一"的理念，证明了环境的价值、人对环境的道德责任和环境伦理学的基本原则，但从以上观点我们不难看出对"天人合一"中人类生存概念的扩展，生存不仅仅指人类生存，同时也指与人类生存息息相关的各种资源和生命的生存，各种生命在大自然的系统里具有平等的权利。曹孟勤在其研究中表示：人类坚信人与动物是根本不同的，而且随着人类的进步与发展，这种不同会越来越大。然而人类的这种自信只是局限于人类社会中才能被证明，一旦跨越出人与人的关系进入人与自然的关系状态，人们便立刻会

① 曾小五：《人与环境——如何重新解读中国哲学的"天人合一"理念》，《湖南涉外经济学院学报》2006年1月。

发现，人类对待自然的行为与动物对待自然的行为没有什么根本不同。① 在调查中，针对这样的观点也设置了相关问题，如下表：

表 2—5—9　"生存与生态"量表第 4 题平均值、标准差得分状况

	平均值	标准差
+4. 在自然界，动物和人应该是平等的	4.09	1.117

根据分析结果，被试群体的观点告诉我们，大家对于此观点是基本同意的，但选择并不十分集中。在这里我们可以考虑以下因素作为解释：动物与人对生态环境的依赖程度不同，其利用自然、改造自然的能力也不同。但值得思考的是，我们所说的其权利的平等是否仅仅局限于道德上的关怀，而在索取资源的实践中又将人和动物区别开来呢？

访谈资料 32：（某大学学生）

您知道关于人类起源的故事吗（洪水的故事、从猿到人的说法）？你认为人在形成的过程中与自然是什么关系？

答：人的形成与自然之间是相互影响的。首先我认为任何一种生物都具有改造自然的能力，特别典型的就像是光合细菌的出现直接改变了地球大气的主要成分。而其中，人类是改造自然能力最强的一种生物，人类对自然的改造不仅影响大，而且在各个层面都有体现。大到干预气候，填海造陆，小到改组基因，克隆细胞……另一方面，任何一种生物都要去适应自然环境，通过自然选择和其他一些可能的方式，生物进行着进化。故而人类与自然，更广泛地说是生物与自然都是相互影响的关系。我没有宗教信仰，故诺亚方舟对我来说只是一个故事；至于从猿到人的说法，目前也听说了一些证据。由于人与自然是相互影响的，人的行为就应当有一定的限度。一方面，

① 曹孟勤：《生态危机与人性危机》，《自然辩证法研究》2002 年第 10 期。

自然是人类发展的基础，合理地利用自然资源是必要的，而且自然具有回复力，在一定限度内的开发利用是可以接受的，尽量先利用可再生资源，而不可再生的资源尽量找到经济合理的替代品；另一方面，自然是人类生存的限制条件，如果对自然的改造和污染过度，人的生存就面临威胁。

总的来说，对"天人合一"的思想理念应当秉持着以上三点的基本原则，同时很多学者通过研究告诉我们，"天人合一"思想理念的历史源远流长，各家众说纷纭，由于思想产生的历史条件限制，其中有些内涵只适合于当时的经济条件和历史状况，其关切的环境问题有可能是局部的、浅层的生态破坏问题，与当今全球面临的环境污染和生态破坏问题不可同日而语，我们要批判地继承，挖掘其蕴含的朴素的生态伦理观，以缓解当前面临的严重的生态危机。① 同时，从各项数据分析中，我们可以看出，人们保持着一种理想生态价值观的现实欲求，但这还是不够的，这种观念只有与实践结合起来才能够真正地解决人类生存所面临的问题。

2. 依存与和谐：主人非主宰

人类生存与生态自然的关系问题一直贯穿于人类发展的历史进程中，人类社会的发展是在人类认识、利用、改造和适应自然的过程中不断演进的。随着科学技术的快速发展，人类改造自然的脚步也不断加快，自然界深深的烙印证明了人类实践的程度在逐渐加深，人类内心那种惧怕自然、依赖自然的情感逐步发展为征服自然、统治自然的欲望，人类的索取超出了自然的承载能力，森林的减少、土壤的流失、环境的污染、能源的短缺无不在警告着人们已经跨过安全的范围，生态自然不能对人类予取予求，人与自然的关系出现了危机。它不仅严重地阻碍了经济的发展，而且也日益威胁人类自身的生存。

① 贾来生、袁名泽：《儒家"天人合一"思想及其生态价值》，《玉林师范学院学报》（哲学社会科学版）2010 年，第 3 期。

人类与自然的关系究竟应当如何，是主人与奴仆，还是朋友与亲人？是索取与承担，还是奉献与保护？这值得人们思考。

访谈资料 23：（某单位公务员）

问：今年的气候十分不正常，您认为会是什么原因？和人类在地球上的开发活动有关吗？

答：今年的气候是比较不正常，单说这夏天就非常热，北京这么热的夏天印象中几乎没有，到了九月份穿短袖还热呢，（全国都是这样）。就全国范围看南方大旱、暴雨、泥石流……都不正常，这几年就没好过。

原因肯定是多方面的，这就不能只看北京，只看中国了，这是个世界范围的问题。我不是专家，但是就我看主要是两方面的问题，一个是人类活动对环境造成的影响，比如臭氧层破坏，二氧化碳超标，过度开发自然资源，包括填海扩陆以及石油泄漏等。这些事件不是孤立的，就是"蝴蝶效应"，而且我们哲学上说质变与量变，对环境破坏达到一定的量肯定会引起质变。

再一个就是地球环境自身的演变规律。现在有个电影叫《2012》的，我看了，觉得预言什么的是有一点启示意义的，想远古时代恐龙为什么灭绝啊？地球自身也有它的发展演变规律，适宜生物生存是一种偶然，变得不适宜生存也是可能的，这种变化可能不会向电影演得那么突然，它会有一个过程，是慢慢进行的。当然，人类对地球的开发与改造可能会加速这种进程。

（1）人与自然关系的危机

人类在生存过程中始终无法脱离与生态环境的互动，在原始社会，人类畏惧自然的力量，被动地顺从自然，人与自然保持着一种原始的互动状态；农业社会，人类对自然所提供的生存条件依赖较大，所谓"靠山吃山，靠水吃水"，自给自足的生产方式使人与自然保持了整体的和谐，尽管存在着一些例如过度开垦的不和谐因素；在工业社会，人们所掌握的科学技术手段日益完善，索取自然、改造自然的能力大大增强，由于过度地追求经济增长，大规模的生产活动建立在了过度攫取自然资源的基础之上，使生态环境变得越来越脆弱。环境恶化的趋势突出表现为环境污染、水土流失、荒漠化和过量开发导致资源急剧减少等问题。① 从一些简单的统计数字我们就可以看出环境恶化的程度：

A. 水污染

中国是一个水资源短缺、水灾害频繁的国家，水资源总量居世界第 6 位，人均占有量只有 2500 立方米，约为世界人均水量的 1/4，在世界排第 110 位，已被联合国列为 13 个贫水国家之一。目前我国每年生活污水和工业废水排放量达 600 亿吨，其中 80% 未经处理就直接排入江河湖海，造成水质的严重污染。北方的黄河、海河、淮河，南方的太湖、苏州河、洞庭湖、滇池等水体已受不同程度的污染。

B. 水土流失

目前全国水土流失面积达 153 万平方公里，占国土面积 16%。其中，黄土高原地区是水土流失最严重、最集中的区域之一，目前黄土高原地区水土流失面积达 45 万平方公里。

C. 荒漠化

据联合国环境规划署（UNEP）统计，全球已经受到和预计会受到荒漠化影响的地区占全球土地面积的 35%。荒漠和荒漠化土地在非洲占 55%，北美和中美占 19%，南美占 10%，亚洲占 34%，澳大利亚占 75%，欧洲占 2%。荒漠和荒漠化土地在干旱地区和半干旱地区占土地面积的 95%，在半湿润地区占土地面积的 28%。世界平均每年有 5 万—7 万平方公里土地荒漠化，以热带稀

---

① 黄珊：《人与自然和谐相处面临的问题及对策》，《中共乐山市委党校学报》（新论）2010 年 12 月。

树草原和温带半干旱草原地区发展最为迅速。半个世纪以来，非洲撒哈拉沙漠南部荒漠化土地扩大了 65 万平方公里，萨赫勒地区已成为世界上最严重的荒漠化地区。

D. 资源急剧减少

以森林资源为例，目前，中国的森林覆盖率仅 13.9%，而且还在以约每分钟 0.03 平方公里的速度减少。过去 40 年中，我国的热带雨林面积减少一半。近十年，中国原有成熟林面积减少 50%，木材蓄积量减少 23%。

不难看出，生态环境在人类恶意开发后所呈现的各种问题日益严重，人类生存与自然生态之间的关系越发紧张。有的学者将这解释为"人与自然的分离"——一旦人与自然分离时，人们在观察、认识和理解外界自然时，不是将其视为与人类融合在一起的一个大系统的一部分，而是异于人类的外在的一部分，是与人类相隔的一部分。由此人们便自然而然地把外界自然作为自己的对立物从而成了人们所控制和利用的对象了。人们在意识中潜在地认为，自然界乃是外在于他们的存在，因而其相互之间的关系便具有一种对立的态势。[①] 这和我们之前所讨论的"天人合一"的基本原则也是相违背的。当这种分离达到极致时，人类会自恃有能力控制地球，主宰自然，让整个生态系统臣服于自己的能力之下。

在调查中我们针对被试群体对人与地球的关系设计了题目，如下表所示：

表 2—5—10　　"生存与生态"量表第 2 题平均值、标准差得分情况

	平均值	标准差
– 2. 人才是地球的主人	3.11	1.370

---

①　肖春燕、贾世泽：《生态危机根源探析——人对人的压迫与人与自然的分离》上海第二工业大学学报，2008 年，第 4 期。

　　根据分析结果，我们看到被试群体对"人才是地球的主人"这一观点基本持否定的态度，说明在总体趋势上，人们认识到了不能把人摆在地球、自然的对立面，认识到了人类生存与生态环境之间是和谐共生的关系。

　　但同时总体选择呈现出较为分散的分布，说明观点差异较大，说明被试群体对于人类与地球之间关系的定义和认知程度并不一致。在这里我们可以理解为：人类是自恃为主宰地球的君主，任由自身改变与毁灭？还是把自己当作与地球共存的一部分，以主人翁的心态来保护它？

　　除此之外，经过相关性的分析，我们还发现被试群体对这一观点的态度与婚姻状况呈 Gamma 负相关和 Beta 相关，这说明未婚人群相较于已婚、离异、丧偶的人群更不赞同"人才是地球的主人"这一说法。在这里我们可以分析其原因：（1）未婚人群对于人与地球的关系之间的平等性有着更高的认识程度。（2）未婚人群相较于经历过婚姻的人群来说，所需承担的社会责任、社会压力以及对资源的需求度较低，对于开发、利用、索取或是主宰自然的欲望较小。

　　人类将自己独立于生态系统之外，肆意猎杀动物、消耗资源，妄图主宰自然的思想和行为，已经导致了生态危机，反过来威胁着人类的生存与发展。如若人们对这种已经存在的危机视若无睹，置之不理，将会产生严重的后果。令人欣慰的是，人们已经开始认识到改造自然是必要的，但是不能把自己摆在自然的对立面，以自然为被动的客体，以自己为万能的主体，人类正在从笛卡儿以来的"主体主义"中走出来，这将会促进人类从各方面着手，去建立与生态系统之间的新型关系。

访谈资料 31：（某能源公司工程师）

　　问：您知道关于人类起源的故事吗（洪水的故事、从猿到人的说法）？您认为人在形成的过程中与自然是什么关系？

答：知道。人类是从猿进化而来，这是从课堂教学和网络媒体知道的。关于大洪水的传说，我知道"大禹治水"和"诺亚方舟"的故事，据说有人发现大洪水的证据，但还没有得到证实。我认为人一开始是敬畏自然的，从古代的神话故事可以知道人在原始社会能力较弱，无力应对自然带来的洪水和猛兽，但随着人类生产力的发展，人们开始改造自然，最有名的故事是"愚公移山"，希望改造自然环境中的不利条件，但保护措施"冬季不能捕猎"等措施依然存在。工业革命后，人类开始破坏自然，各种污染发生，生活条件急剧恶化。在20世纪60—70年代以后，环保主义的兴起，人类开始保护自然。我觉得人与自然的最佳关系是"天人合一"，构建和谐的人与自然关系。

（2）从"人类主义中心理论"到"生态整体主义"

人类是否能够主宰自然，人类与生态环境的关系究竟如何，在这里，我们可以通过对"人类中心主义理论"到"生态主义中心理论"的解释及其之间的过渡来体会。

人类中心主义实际上是西方自古希腊以来的哲学传统。近代人类中心主义是与奠基于笛卡儿的主客二分思维模式和世界观密切相连的。这种主客二分的思维模式和世界观落实在伦理观上，就表现为把人（主体）与环境（客体）分割开来，并以人为标准去判断和衡量一切事物的价值性，即认为只有人才具有内在价值而人之外的其他一切非理性存在物都只有工具价值。所以，这种近代以来的人类中心主义伦理观的基本特征可以概括为三个方面：第一，主客二分，即把人和物或人与环境割裂开，并对立起来。第二，个体主义，即孤立地看待事物之间的伦理关系，认为价值、权利、义务等的基本载体最终只能是个体。第三，人类中心，即以目的和手段的关系去区分人和物——人是目的，物是手段（只有人才具有内在价值，除人之外的物只具有工具价值）。[①]

　　人类中心主义对人与环境的割裂、对人与物的区分，使人站在了和生态环境相对立的位置上，不能够将自身的存在与发展置于整个生态系统中去看的结果则是生态失衡，造成不可逆转的严重后果，而这些后果不仅仅是生态系统中的"物"在承担，人类也将尝到其中的苦涩。如此看来，把人类的生存与生态环境视为一个整体才能够符合我们之前所讨论的"天人合一"的思想内涵。

　　生态整体主义的核心思想是：把生态系统的整体利益作为最高价值而不是把人类的利益作为最高价值，把是否有利于维持和保护生态系统的完整、和谐、稳定、平衡和持续存在作为衡量一切事物的根本尺度，作为评判人类生活方式、科技进步、经济增长和社会发展的终极标准。[②]

　　的确，随着社会的进步和科技的发展，人们的关注点呈现出：自然—人类—生态整体这样的变化过程，不论是将自然的力量奉为神的赐予，对此恐惧、依从，还是将人类看作主宰地球的君主，轻视自然，宰割自然，都不是良性的互动，会造成对双方的损害；如果不能够将人类和生态看作一个整体，而是把这两者对立起来，力求分个主次，分个地位，那么，人类生存与生态系统之间的平衡关系最终将被破坏殆尽。

访谈资料 32：（某大学学生）

　　问：谈谈您对三峡工程的看法？

　　答：三峡工程啊，我不太了解。我只是知道好像三峡移民问题挺严重的，有个作家叫啥来着，写了一本相关的书。唉，可怜那些在三峡住了一辈子的居民啊，中国人一直都安

---

　　① 曾小五：《人与环境——如何重新解读中国哲学的"天人合一"理念》，《湖南涉外经济学院学报》2006 年 1 月。

　　② 丁任重：《经济可持续发展：增长、资源与极限问题之争》，《重庆工商大学学报、西部论坛》，2004 年，第 4 期。

土重迁的，这样瞎搞，伤害了那么多人的感情，花了那么多钱，实际的效果到底怎么样，值不值得，这些我也不敢妄言。

3. 改造与利用：可持续生态观

为了生存，为了发展，我们从生态系统中开采、利用我们所需的资源，这无可厚非，但如果把地球看成取之不尽、用之不竭的宝库而肆意掠夺，则可视为目光短浅，将未来人类的发展置之不顾。人们对改造和利用自然的认识程度如何，怎样在改造和利用自然的同时保持利益的可持久性是值得大家思考的问题。

（1）整体循环，可持续发展

从"天人合一"到"生态整体主义"我们一直在强调一个观念，那就是人类与生态环境、生物与生态环境、人类与其他各种生物都是一个不可分割的整体，他们不能缺失整个生态系统中的任何一方而独立存在。所以，人类在改造和利用自然的过程中，不可能脱离自然环境而单独发展，如果为了人类发展而将本身与自然脱离、对立起来，在开发、攫取资源的过程中毫不考虑生态自然的保护和发展，过度改造，将不仅仅是对生态环境的破坏，同时也破坏了作为与生态环境同为一个整体的人类的发展。如何能够在改造和利用自然的过程中保持人类同自然共同的可持续发展，是几十年来不变的议题。

可持续发展概念的提出最先是在 1972 年在斯德哥尔摩举行的联合国人类环境研讨会上正式讨论。这次研讨会云集了全球的工业化和发展中国家的代表，共同界定人类在缔造一个健康和富有生机的环境上所享有的权利。自此以后，各国致力于界定"可持续发展"的含义，现时已拟出的定义已有几百个之多。

1987 年，世界环境与发展委员会出版《我们共同的未来》报告，将可持续发展定义为："既能满足当代人的需要，又不对后代人满足其需要的能力构成危害的发展。"1992 年 6 月，联合国在里约热内卢召开的"环境与发展大会"，通过了以可持续发展为核心的《里约环境与发展宣言》、《21 世纪议程》等文件。

中国政府在《中国 21 世纪人口、资源、环境与发展白皮书》中，首次把可持续发展战略纳入我国经济和社会发展的长远规划。

可持续发展基于人类需求而提出，立足于人的发展，同时强调资源的持续利用和生态系统可持续性的保持是人类社会可持续发展的首要条件。可持续发展要求人们调整自己的生活方式以适应有限的生态资源，在生态可能的范围内确定自己的消耗标准。王永义、刘志霄在其研究中指出：人口、资源和环境问题，实际上都是由于人类的活动接近或已超过生态系统的"负载定额"的限度而造成的。[①] 因此，人类应做到合理开发和利用自然资源，保持适度原则，处理好生存与环境的关系。

由于人的需求随着时间的推移和社会的不断发展，其内容和层次将不断增加和提高，如何在这种不断增长的需求下保持整体的持续发展？整体、循环、平衡是我们需要首要肯定的观念。针对可持续原则的相关观念，我们也在调查中设置了问题，如下表所示：

表 2—5—11　"生存与生态"量表第 5 题平均值、标准差得分状况

	平均值	标准差
+5. 地球的资源总有一天会用完	4.19	1.022

根据分析结果，我们看到被试群体对于这一观点基本同意，表明人类对于地球资源的有限性和部分资源的不可再生性有一定的了解，表明人类已经意识到地球资源的宝贵，如果进行没有节制的索取，将会导致资源的枯竭。

---

① 王永义、刘志霄：《生态思想的泛化与生态文明》，《黔南民族师范学院学报》2006 年第 3 期。

表 2—5—12　"生存与生态"量表第 7 题平均值标准差得分状况

	平均值	标准差
+7. 少种点粮食，多种树	3.19	1.202

　　根据分析结果，我们看到被试群体对这一观点基本同意，但标准差较高，为 1.202，表示被试群体对于这一观点的选择较为分散，说明在人们的观念中，首先仍然是以自身生存的利益为出发点，只有在满足了自身生存需求的情况下，才会考虑对于生态环境的保护工作，在这里也可以考虑到，如果被试群体仍以种植粮食为生，那么其必然会从自己生存路径出发，而非首先考虑自然环境的保护，这说明被试群体的经济因素以及职业对其选择有影响。

表 2—5—13　"生存与生态"量表第 9 题平均值标准差得分状况

	平均值	标准差
+9. 应该设立更多的自然保护区	4.14	0.933

　　根据分析结果，我们看到被试群体对于这一观点基本同意，表明被试群体对于生态环境保护的认可度较高，同时其标准差为 0.933，表示被试群体在这个问题上观点比较集中，对于自然生态的积极保护态度较为一致。在这里我们应该考虑到，设立自然保护区多是政府和社会的责任，与个人利益和个人行为关系较小，个人无须承担行为责任，所以认同度比较高，意见比较集中。

　　通过以上分析我们可以知道，人们在观念上能够认同可持续发展的本质内涵，但在实际中人类的需求受到多方面因素的影响，在和自身行为或利益密切相关的方面，表现出的意见和观念差距较大，在和自身利益相关性较小的方面，表现出的一致性较高。

　　访谈资料 31：
　　你同意"人类有权利开采地球上的任何资源"的说法吗？
　　答：不同意，与上面 3 题的原因差不多。另外，迄今为止，地球是人们所知唯一适宜人类生存发展的星球，是我们共同的家园。地球在漫长的演化发展过程中，衍生了人类并为人类的生存发展提供了生存环境和物质资源。人类发展史，既是人与自然界的共同演化史，也是地球自然资源的开发利用史。人们日益深刻地认识到，必须善待地球，保护资源环境，走可持续发展的道路。因为有的资源是不可再生资源，他们不仅属于人类，还属于其他生物，人类不能因为自己的贪婪而不顾其他生物的利益，要追求科学而又和谐发展。我们人类生存在地球上，所拥有的自然资源是有限的，但现在依然存在污染和浪费，比如水资源，人类总是过分地浪费，水龙头也总是响个不停，水渐渐地流失；大气资源，成千上万的汽车排出的废气把地球笼罩着，清新的空气变成浑浊的废气，让许多人患上呼吸道疾病；矿物资源，它是经过几百万年甚至几亿年的地质变化才形成的，如果不加以节制地开采，那将干涸；森林资源，本来是可以为人类作出贡献，只要多种植树木就可以循环再生，但是人类为了快速经济发展，不顾后果地滥砍滥伐，起楼盖地，让可怕的自然灾害——洪水，兴风作浪，淹没粮田，人民过着恐慌的日子等，不堪设想的后果……总之，面对未来的危机，人类应该保护环境，合理利用各种资源，走可持续发展道路。

（2）冲突与共存，平等与公正

在前文我们所讨论的过程中，提到了对于生存的广义理解，它不仅包括人类自身的生存，还包括整个生态系统所有生物种群的生存。因为只有所有生物种群生存的权利得到保证，尊重他们需遵循自然发展的需求，才能为人类的生存发展提供稳定的保障。人类的欲望是无止境的，人类的需求是不断增长的，但是否就可以凭借此因，试图包揽地球上的全部资源，以牺牲自然、他国、他人和子孙后代的资源为代价，换取当前的利益？

我们现在所处的地球已经伤痕累累，贫病交加，资源短缺和生态恶化的状态显而易见。发达国家以占全球 20% 的人口消耗着大部分自然资源和排放大部分污染物的"纵欲污染"已使地球不堪重负；而占全球人口 80% 的发展中国家则受到资源、资本和技术短缺的严重制约，其中的许多国家和地区为了今天的生存而陷入牺牲明天的竭泽而渔、竭草而牧、竭地而耕的恶性循环，这种"贫穷污染"又以另一种形式加剧了生态环境的恶化。① 是冲突还是共存，是失衡还是平等与公正已经是许多学者与专家关注的焦点。

　　王勇在其研究中站在社会公平的视角中指出生态公平是社会公平的重要指标，探讨了现代社会中生态公平的现状，他指出生态污染转移、生态责任不均、生态平衡失范三点是社会生态文明进程中的生态不公现象。②

　　的确，我们可以说人类与其他生物相比改造世界的能力不一样，但这并不代表他们在生态系统中分享资源的权利不一样；我们可以说国家与国家之间经济与科技的实力不同，但这并不代表他们承担的生态责任不一样；我们可以说地域与地域之间的需求不一样，但这不代表他们享有纯净世界的程度不一样；难道为了生存，人类就可以涸泽而渔，就可以掠夺别国资源，以经济输出的形式污染别国环境？人类在这其中抛弃掉的不仅仅是阻碍自身发展的障碍，更多的是人类的理性和整个社会的道德伦理体系。

　　针对平等公正的生态价值观，我们也设置了相关的题目，如下表所示：

表 2—5—14　　"生存与生态"量表第 3 题平均值标准差得分状况

	平均值	标准差
+3. 地球的资源是全世界各国共有的	4.10	1.075

　　① 孙家驹：《人、自然、社会关系的世纪性思考》，《北京大学学报》（哲学社会科学版）第 42 卷 2005 年第 1 期。
　　② 王勇：《社会公平视阈下的生态文明建设》，《前沿》2011 年第 11 期总第 289 期。

　　根据分析结果，我们看到被试群体对这一观点基本同意，表明他们认同人类享有资源的平等权利，没有国家有权利肆意占有、索取和破坏资源。值得思考的是，价值观念只有在实际中践行才能得到其印证，而我们在刚刚讨论的现实中的情况恰恰相反，当人类面临生态公平的危机时，是否应当呼吁平等与公正？

　　于此，我们要说的是如何保证整个生态系统利益的可持久性？除了合理适度的改造与利用，还要求人类秉持着平等公正的生态价值观，才能够保证整个生态系统不断发展和前进。

访谈资料 31

　　问：您同意"人类是地球主人"的说法吗？为什么？

　　答：不同意，人类和地球上的其他生物都是地球的主人。人类只不过比其他生物拥有更高的智慧，会利用工具，因而占有统治地位。第二次世界大战后，社会生产力突飞猛进。机器的广泛使用，为人类创造了大量财富，人类的统治地位更加牢固，而工业生产排出的废弃物却造成了严重的环境污染。大量人工制取的有毒化合物进入环境后，在环境中扩散、迁移、累积和转化，不断地恶化环境，严重威胁人类和其他生物的生存。1962 年，美国女生物学家雷切尔·卡森的科普作品《寂静的春天》出版了，书中详细描述了滥用化学农药造成的生态破坏："神秘莫测的疾病袭击了成群的小鸡，牛羊病倒和死亡……孩子在玩耍时突然倒下，并在几小时内死去……仅能见到的几只鸟儿也奄奄一息……这是一个没有声息的春天。"这本书引起了全世界的强烈反响。人们惊奇地发现，在短暂的几十年时间内，工业的发展已把人类带进了一个被毒化了的环境中，而且环境污染造成的损害是全面的、长期的、严重的。人类开始认识到保护环境的重要性，60 年代起，在工业发达国家兴起了要求政府采取措施解决环境问题的"环境保护运动"。我认为人与其他生物之间应该平等相处，人类可以利用其他生物，但必须保证生物生存的基本条件，这是权利与义务的体现。

（四）结论：遵循自然规律的生存观

人类在长期的生存实践中，对自身发展与生态环境之间关系的理解在不断变化、加深，遵循自然规律以及与自然良性互动成为当下的主要生存观，归纳为以下几点：

第一，对自然力量与人类能力的理性认识，对生态环境与人类生存共存关系的积极思考。被试群体在肯定生态环境运行规律和力量的同时，也认识到并相信自身利用自然、改造自然的能力。尽管人类自身违逆自然规律的行为终将受到惩罚，但随着科学技术的发展，人类改造自然的范围和深度逐渐增大，其相应的自信也会逐渐增强。

第二，理想生态价值观的现实诉求。被试群体渴望地球资源的共有以及人与动物地位的平等，憧憬自然环境同人类和谐发展的美好图景。

第三，"人类中心主义"在被试群体的意识中仍有一定地位。面对与自身发展密切相关并需要个人承担责任的问题时，仍会将人类需求放在首位，环境保护在人类利益面前的重要性降低了。

此次调查结果表明，当代中国公民对于"生存与生态"之间的关系，已具有符合时代发展要求的观点。人们不再将自身独立于生态系统之外看待，开始考虑在人类生存同生态环境之间搭建良性互动机制，征服、主宰和破坏自然的观念或动机正在消除，互助、统一以及有效利用自然的观念正在形成。

在此次生态观调查中我们还发现：中国人已基本意识到生态环境对于人类生存发展的重要性，人类与生态环境是一个不可分割的整体，人类不能独立于生态环境之外生存，更无法成为地球的主人，只有在不断适应自然规律的过程中，利用自然，改造自然，同时学会与自然生态环境保持和谐关系，才能保证人类的可持续发展。

第六篇　"发展与生态"专题

（一）本篇导言

人类历史总是在差异和矛盾中辩证地发展。现代工业文明在带来进步的同时，随着社会历史条件的变化，也暴露出它固有的内在缺陷，突出表现为生态、资源和环境压力日益增大，社会发展的可持续性问题日益突出。

现代发展观，即资本主义工业文明的发展观，重视的是自然界的使用性价值、消费性价值，却无视大自然本身的合目的性与内在价值。在商品经济的条件下，人们把获得最大利润作为最高目的。在金钱的驱使下，无限制地开发、消耗自然界，从而造成了对自然环境的破坏。而生态伦理学仅仅把人看成自然界的"普通一员"，既会否定人类改造自然的必要性，也会轻视人对自然应当负起的责任。这从另一个方向上同样威胁人类的生存和发展。

生态危机的出现，意味着近代以来"发展即是追求增长"这种意识形态的终结。为了实现可持续发展，满足人们日益增长的生产发展、生活富裕、生态美好的要求，亟待反思现代工业文明的价值观、生产方式、生活方式和体制结构，探索真正实现人与自然、人与社会和谐、可持续发展的生态文明之路。

1987年挪威首相布伦特兰夫人在她担任主席的联合国世界环境与发展委员会的报告《我们共同的未来》中，把"可持续发展"定义为"既满足当代人的需要，又不对后代人满足需要的能力构成危害"的发展，这一定义得到广泛的接受，并在1992年联合国环境与发展大会上取得共识。我国有的学者对这一定义做了如下补充：可持续发展是"不断提高人群生活质量和环境承载能力的、满足当代人需求又不损害子孙后代满足其需求能力的、满足一个地区或一个国家人群需求又不损害别的地区或国家人群满足其需求能力的发展"。

　　可持续发展观的价值观应当是生存论的价值观，即最终立足于人类的生存来处理人与自然界的关系。现代发展观的价值观与生态伦理学的价值观都是非生存论的。这两种发展观的极端形式都是对人类生存价值的否定。把人类的生存价值作为终极关怀，才能合理地解决人与自然既相互制约又相互适应的关系，也才能合理地对待自然界的消费性价值同可持续发展的环境价值之间的关系。

　　生态文明是现代社会文明系统的重要组成部分。相对于物质文明、精神文明和政治文明而言，生态文明是指人类遵循人类与大自然共生共荣、和谐发展规律而取得的物质与精神成果的总和。从历史发展来看，生态文明也是继原始文明、农业文明和工业文明之后，迄今为止人类文明发展的最高阶段。它以人与自然、人与人、人与社会和谐共生、良性循环、全面发展、持续繁荣为基本宗旨；强调在产业发展、经济增长、改变消费模式的进程中，尽最大可能积极主动地节约能源资源和保护生态环境。

　　中共十七大首次将生态文明写入报告，并将生态文明与社会主义物质文明、精神文明、政治文明一起作为和谐社会建设的重要内容。报告中明确指出，"建设生态文明，基本形成节约能源资源和保护生态环境的产业结构、增长方式、消费模式"。中共十八大又进一步提出"把生态文明建设放在突出位置，融入经济建设、政治建设、文化建设、社会建设各方面和全过程，努力建设美丽中国，实现中华民族永续发展"，展示了中华民族建设美好家园的愿景，对中国当前以及未来的社会发展提出了更高的要求和目标，是中共科学发展、和谐发展理念的一次新的升华。为了人类的福祉，也为了地球上一切生命的长存，我们需要全人类的合作，共同采取有效的行动，切实负担起维护地球作为人类"共同家园"的责任。

　　本次调查为了全面把握当下国民的生态价值观，设立了人类发展与生态的相关的调查项，意在通过"依靠与帮助"、"欣赏与亲近"、"改造与利用"三对关系的考量，考察被调查者的发展观，从而全面研究当下中国公民的生态价值观。经统计分析，结果如下。

（二）本篇数据分析

1. 原始问卷中"发展与生态"量表分析

人类发展与生态的题项在原始问卷中为 G 量表。G 量表为多选题，具体如下。

G. 您同意下列哪些说法？请在您同意的选项上打"√"（最多可选三项）。

1. 在"人类形成"的过程中：	
A. 自然帮助了人类	G01—1 ＿＿
B. 人类利用了自然	G01—2 ＿＿
C. 人类战胜了自然	G01—3 ＿＿
D. 人类改造自然	G01—4 ＿＿
2. 在"人类社会发展"的过程中：	
A. 只能牺牲自然，优先发展人类社会	G02—1 ＿＿
B. 自然与人类社会应该共同发展	G02—2 ＿＿
C. 人类社会发展要遵循自然发展规律	G02—3 ＿＿
D. 保护自然比人类社会的发展更重要	G02—4 ＿＿
E. 保护自然是人类生存与发展的前提条件	G02—5 ＿＿
3. 对于目前开展的环境保护工作：	
A. 目前的环保工作大多是在做表面文章	G03—1 ＿＿
B. 环境保护大家参与才有效	G03—2 ＿＿
C. 树立环保意识最重要	G03—3 ＿＿
D. 应该把保护环境放到工作的首位	G03—4 ＿＿
E. 环境保护从小孩子抓起	G03—5 ＿＿

以上是"发展与生态"关系的量表，量表通过三道多选题来考察被试者的生态发展观，其中第 1 题考察被试者对人类形成初期

与自然关系的看法；第 2 题考察被试者对人类发展过程中与自然关系的看法；第 3 题则考察被试者对目前开展的环保工作的看法。三个的部分问题关系密切、交叉隐含，以期相互印证。

2. "人类发展与生态"量表的数据分析

通过对回收的问卷进行数据分析，我们不难发现中国对于发展与生态关系认识现况。将 G 量表中所收集的数据进行了百分比统计及分析，结果如下：

G1. 人类形成之初与自然的关系：

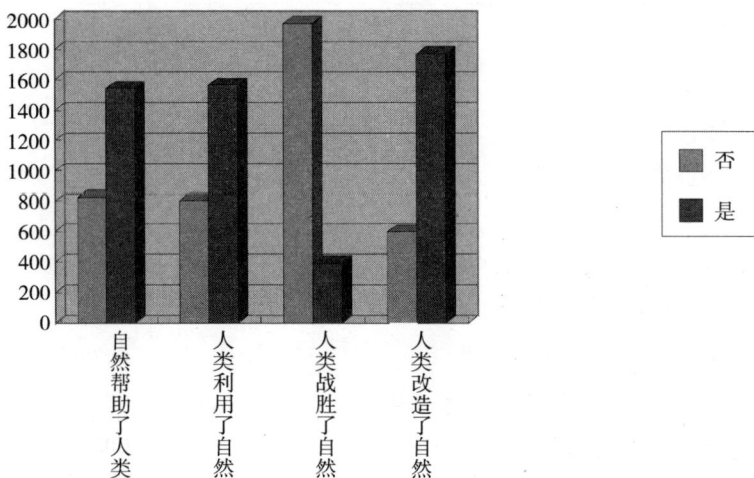

图 2—6—1　人类形成之初与自然的关系

根据上图显示，被试群体中：

（1）58％的人认为在人类形成之初自然帮助了人类，42％的人否认自然帮助了人类；

（2）57％的人认为人类利用了自然，43％的人否认人类利用了自然；

（3）83％的人否认人类战胜了自然，17％的人认为人类战胜了自然；

（4）75％的人认为人类改造了自然，25％的人否定这一观点。

总体来说，大多数人认为，人类的形成过程既非战胜自然，也非被自然所帮助，而是人类改造了自然创造了适合人类的生存环境，完成了人类的形成过程，人类与自然是一种改造并利用的关系。需要注意的是，该量表第1题的答案选择几乎是一半对一半，也就是说在自然是否帮助了人类形成这个问题上，产生了两个截然对立的、势均力敌的群体，"自然帮助了人类形成"这种观点只占有微小的优势。与以往调查结果相比，两个占有压倒优势的观点是人类的形成过程"并非是战胜自然的过程，但却是改造自然"，是"创造适宜生存环境"的"改造"过程。因此，可以推断，在当前人们的观念里，人类形成过程与自然的关系是，非战胜的、利用自然和适当改造的关系，而改造的目的是创造适宜的生存环境。这一观点反映出来的是人类与自然关系的对等观，既非"环境中心主义"，也非"人类中心主义"。

G2. 对人类社会发展的认识：

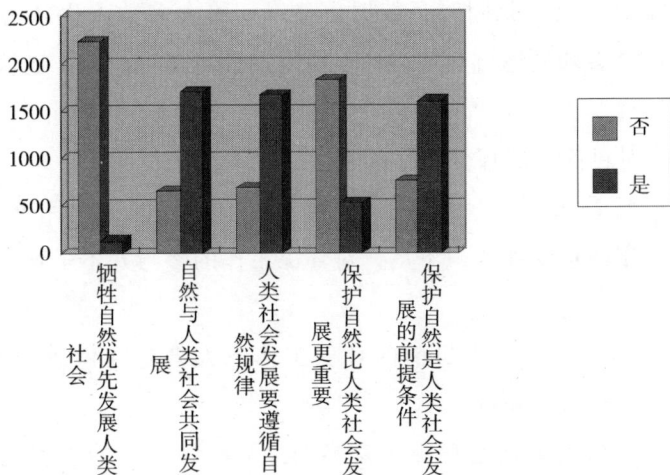

图2—6—2 对人类社会发展的认识

根据图2—6—2显示，被试群体认为，在人类社会的发展过程中与自然的关系是"共同发展"，具体如下：

（1）4%的人认为应该牺牲自然优先发展人类社会，96%的人否定这一观点；

（2）75%的人认为自然与人类社会能够共同发展，25%的人否定这一观点；

（3）75%的人认为人类社会发展要遵循自然规律，25%的人否定这一观点；

（4）21%的人认为保护自然比人类社会发展更重要，79%的人否定这一观点；

（5）31%的人认为保护自然是人类社会发展的前提条件，69%的人否定这一观点。

从数据统计来看，被调查群体以79%的压倒优势选择了"人类社会发展的重要性高于保护自然"，且以69%的优势选择了"保护自然并非是人类社会发展的前提条件"。从这两组答案的选择，我们可以认为，目前中国绝大多数公民认为在人类社会的发展过程中，自然环境的保护并非人类社会发展的前提，因此，需要让位于发展的需要。但与此同时，数据也显示，绝大多数人也认为"发展人类社会必须遵循自然规律，不能以牺牲自然为前提，应该与自然共同发展"。

G3. 对目前开展环保工作的看法：

根据图2—6—3显示，被试群体对目前的环保工作评价不高，对环保工作的重要性认识不足，对环保工作的参与并不乐观，具体如下：

（1）46%的人认为目前的环保工作下大多是在做表面文章，54%的人否定这一观点；

（2）67%的人认为环保大家参与才有效，33%的人否定这一观点；

（3）64%的人认为树立环保意识最重要，36%的人否定这一观点；

（4）23%的人认为应把环保放到工作的首位，77%的人否定这一观点；

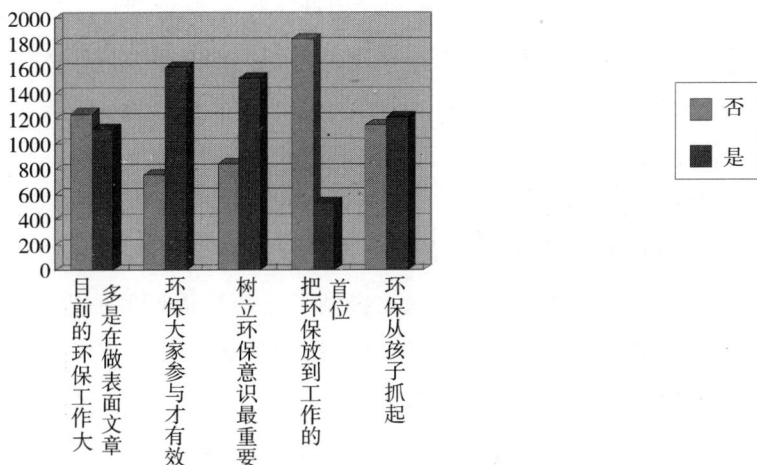

图 2—6—3　对目前开展环保工作的看法

（5）51% 的人认为环保要从孩子抓起，49% 的人否定这一观点。

数据统计显示，近一半的人认为目前的环保工作多为"做表面文章"，没有什么实际效果，而 67% 的人认为环保工作应该大家参与才有效，应该树立环保意识并且应该从孩子抓起。但是，占 77% 的绝大多数的人也反对将环保工作放在首位。可见，我国国民不仅对目前的环保工作持怀疑态度，而且认为环保工作不得利、多为做表面文章的原因是缺乏环保意识和大家的参与，但又不同意把环保放到工作的首位，对于环保是否应从孩子抓起的问题也有明显分歧，反映出目前对我国开展的环保工作既不满意，又没有统一的观点和好的主张，比较迷茫。

（三）生态与发展（发展观）的构成与主要内容

1. 适度改造：人定胜天的终结

人们之所以本能地相信"发展是天然合理的"，是有其人性基础的。自然界不能为人类提供现成的生活资料，人类只有依靠对自然界的改造才能生存。离开了发展（其中基础是生产力、经济的发展），人类便失去了生存的基础。因此，这一信念就成了支配人类行为的一个基本信念；发展，特别是生产力的发展就成了人类追求的终极目的；"是否有利于生产力的发展"也就自然成了人类评价一切的终极尺度。

"发展并非是天然合理的"这一新命题的理论意义在于，它为我们对旧的发展道路（资本主义工业文明的发展道路）的反省和重新评价，为可持续发展观的确立提供了一个价值论的前提。"可持续发展"就是相对于旧的"不可持续的发展"提出来的。正因为旧的发展道路是一条不可持续的发展道路，它已经给人类造成了各种困境和危机，我们才提出可持续发展战略。如果任何形式的发展都是合理的、可持续的，那么"可持续发展"这一概念的提出就是毫无意义的。

上述量表统计结果显示，目前国人已经摒弃了一度成为主流生态价值观的"人定胜天"观念，人与环境共处共赢、共同发展已经成为国人的价值理想，环境保护意识已经深入人心，与自然平等相处、合理发展适度改造是当下国人的主流生态价值观。访谈资料也佐证了这一结论。

访谈资料 33 （某市环保局书记）：

问：您同意"人类是地球主人"的说法吗？为什么？

答：不同意。人类和地球上的其他生物都是地球的主人。人类只不过比其他生物拥有更高的智慧，会利用工具，因而占有统治地位。第二次世界大战后，社会生产力突飞猛进。机器的广泛使用，为人类创造了大量财富，人类的统治地位更加牢固，而工业生产排出的废弃物却造成了严重的环境污染。大量人工制取的有毒化合物进入环境后，在环境中扩散、迁移、累积和转化，不断地恶化环境，严重威胁人类和其他生物的生存。

人们惊奇地发现，在短暂的几十年时间内，工业的发展已把人类带进了一个被毒化了的环境中，而且环境污染造成的损害是全面的、长期的、严重的。人类开始认识到保护环境的重要性，20世纪60年代起，在工业发达国家兴起了要求政府采取措施解决环境问题的"环境保护运动"。我认为人与其他生物之间应该平等相处，人类可以利用其他生物，但必须保证生物生存的基本条件，这是权利与义务的体现。

访谈资料30（某大学讲师）：

传统发展观是建立在"发展是天然合理的"这样一个信念的前提之上的。在它看来，只要是发展就比不发展好；发展得快总比发展得慢好。总之，发展天然就是好的；发展本身没有好与坏的区分。在这种信念的支配下，传统发展观所关注的，只是"如何发展得更快"，而对于"为了什么发展"和"怎样的发展才是好的发展"这样一个目的论、价值论的问题却毫不关心；社会发展理论也仅仅被看成研究社会"如何发展"的"科学"，却忽视了关于社会发展的另外一面，即社会"为了什么发展"这一问题。

访谈资料24（某市委党校教师）：

我们的发展速度越来越快，但我们却迷失了方向，对发展的价值的轻视，根源于近代以来形成的理性主义的历史观和发展观。这种发展观是建立在对下面这个理性主义的哲学教条的信仰基础之上的："必然的就是合理的。"在黑格尔看来，凡是现实的都是合理的，凡是合理的都是现实的，而现实的属性仅仅属于那同时是必然的东西。因此，合乎规律的、必然的东西就是合理的；只要我们的发展是合乎规律的发展，就不可能是不合理的。正是这种对历史必然性和社会发展规律的绝对完满性的承诺，构成了发展天然合理论的哲学前提。

访谈资料36（某高中教师）：

问：您知道关于人类起源的故事吗（洪水的故事、从猿到人的说法）？您认为人在形成的过程中与自然是什么关系？

答：知道。人类是从猿进化而来，这从课堂教学和网络媒体中可以获知。关于大洪水的传说，我知道"大禹治水"和"诺亚方舟"的故事，据说有人发现大洪水的证据，但还没有得到证实。我认为人一开始是敬畏自然的，从古代的神话故事可以知道人在原始社会能力较弱，无力应对自然带来的洪水和猛兽，但随着人类生产力的发展，人们开始改造自然，最有名的故事是"愚公移山"，希望改造自然环境中不利条件，但保护措施"冬季不能捕猎"等措施依然存在。工业革命后，人类开始破坏自然，各种污染发生，生活条件急剧恶化。在20世纪60—70年代以后，环保主义的兴起，人类开始保护自然。我觉得人与自然的最佳关系是"天人合一"，构建和谐人与自然关系。

2. 适度索取：工具理性的超越

上述量表统计数据显示，当前中国国民已经摒弃了一度成为主流生态价值观的"我为自然主人"的观念，从自然中"有度索取"成为国人的主流生态价值观和生态价值理想，工具理性的生态价值观已经成为过去。访谈资料也佐证了这一结论。

我们现在面临的环境危机，正是这一矛盾没有得到合理解决的结果。如果把人类的生存作为评价人类行为的终极尺度，那么，我们就既不能无限制地改造和掠夺自然界，也不能完全否定人类消费自然界、改造自然界的必要性。要做到二者的统一，关键在于要找到它们的最佳结合点。自然环境的生态系统是一个自组织的有机系统。它具有一定的自我生长、自我组织、自我修复能力。因此，只要人类对自然界的消费和改造的实践活动保持在自然界的自我修复能力的限度以内，人类对自然界的消费和改造活动就不会对自然环境造成致命的破坏，因而就不会危及人类的可持续的生存和发展。因此，解决这一矛盾的出路只有一个：我们需要改造自然，但必须对人类改造自然的活动进行评价、约束和规范，以便把人类的生产活动限制在不破坏自然生态系统的稳定平衡的限度以内。这样才能使人类生存所必需的两种价值都得到满足。因此，只有立足于生存论，才能合理地处理环境价值与消费性价值的关系，找到隐藏在消费价值与环境价值背后的更深层的人类的生存价值。生存价值是人类的实践活动和社会发展的终极价值，也是评价、约束、规范人类实践行为的终极尺度。

访谈资料 24：

问：您认为今年的气候正常吗？会是什么原因？和人类在地球上的开发活动有关吗？

答：今年的气候是不太正常，单说这夏天就非常热，北京这么热的夏天印象中几乎没有，到了九月份穿短袖还热呢，（全国都是这样）。就全国范围看南方大旱、暴雨、泥石流……都不正常，这几年就没好过。原因肯定是多方面的，这就不能只看北京、只看中国了，这是个世界范围的问题。我不是专家，但是就我看主要是两方面的问题，一个是人类活动对环境造成的影响，比如臭氧层破坏，二氧化碳超标，过度开发自然资源，包括填海扩陆以及石油泄漏等。这些事件不是孤立的，就是"蝴蝶效应"，而且我们哲学上说质变与量变，对环境破坏达到一定的量肯定会引起质变。再一个就是地球环境自身的演变规律。现在有个电影叫《2012》的，我看了，觉得预言什么的是有一点启示意义的，想远古时代恐龙为什么灭绝啊？地球自身也有它的发展演变规律，适宜生物生存是一种偶然，变得不适宜生存也是可能的，这种变化可能不会像电影演得那么突然，它会有一个过程，是慢慢进行的。当然，人类对地球的开发与改造可能会加速这种进程。

3. 适度发展：发展观念的飞跃

统计数据显示，当前中国国民不再认同一度成为主流生态价值观的"发展就是合理"的，不认同目前我国的环保工作，"合理发展与有效保护"成为国人的主流生态价值观，"社会发展，环境宜人"成为国人的生态价值理想，这是对战胜困境的反思的结果，尽管目前尚无答案和一致认同的解决方案，但反思终会开启推动人类困境解决的智慧之门。当然，目前对此仍然汲有共识，还存在着不同观点。访谈资料也佐证了这一点。

访谈资料 32（某大学老师）：

问：您同意"人类有权力开采地球上的任何资源"的说法吗？

答：我同意这一说法。虽然看起来有一点霸道，但仔细想一想，人类的道德是以人类自身为中心的，否则道德就没有基点。"权力"这个说法就是人类创造的，我们无法了解到任何人类之外的生物的意见，所以所谓人类的道德和权力不过是我们自己和自己过家家，对自己行为的管理和约束。人类在生态系统中处于消费者的位置而不是生产者，所以他注定要从环境中来获取相应的资源，当这种需求产生时，人类的行为无疑是合理的且正当的，自然有权力开采他所需要的资源。当然这种开采需要是理性的、有计划的和科学的。过度开采等行为必然损害人类自身的利益。

当然，如果从更科学、更可持续的角度看，人类不能仅仅满足于开采什么资源，而应当更多地安排好产业结构，并采用合适的科学技术，将原本认为是废物的东西利用起来，一方面减少了污染，另一方面又节约了原料。我们应当对自然界中物质的循环有更深入的研究，并且将研究成果更广泛地传播出来，以方便企业家和有识之士的工作。原子经济这一理念虽然已经提出了相当长的时间，但是我们对它最新的发展依然知之甚少。从这个意义上说，人类应当把更多的精力投入到如何调整产业结构，如何利用上游企业的废弃资源，而不是千方百计去思考开采新资源的问题。

访谈资料 76：

问：您做过哪些环保工作？参加过哪些环保活动？

答：大的环保工作没做过，也没人组织，也没有太多时间。比较常见的都是小事，我们小区以前有垃圾分类的，但后来听说到了垃圾场还是给堆一块儿了，分了也白分，挺可惜。还有就是废旧电池回收，这个挺有意义。我觉得真正有意义的环保活动其实每个人都愿意参加，平时多注意一点就出来了。应该是政府、社区牵头、全社会共同参与的一个过程，就像全民健身那样的，毕竟环境好点生活得也舒心。

（四）结论：可持续的发展观——"人类中心主义"发展观的转向

"人类中心主义"的发展观始于工业社会，从理论上的被合理化到现实中主流生态价值观地位的确立，再到被质疑、反思与批判[①]，经历了从"经济增长论"到"基本需求论"再到"以人为中心综合发展"的价值转向和"可持续发展"的漫长过程。回顾与爬梳这一变迁过程，对比我国生态价值观的嬗变，可以帮助我们从历时的角度更加直观地认识到这一变迁的意义与价值。

综上所述，我国公民的生态价值观正逐步走向现代化的可持续的生态文明发展观，公民生态意识正在形成中。其次，根据相关性数据统计，尽管被调查者在年龄、性别、职业等具体情况上千差万别，但对于发展和生态的认识却有着相对的一致性，可以认为，昔日的"人类中心主义"主流价值观正在或者已经成为历史。

回顾人类发展观念的变迁，大致经历了下述四个阶段。

（1）20 世纪 50 年代：经济增长论

经济增长论是 20 世纪 50 年代的流行观点，其主要代表人物是

---

① 刘福森：《发展观念的历史演变》，《中共天津市委党校学报》2005 年第 3 期。

英国经济学家 A. W. 刘易斯和美国经济学家 W. 罗斯托。1951 年，联合国发表了由刘易斯等一些西方经济学家起草的《欠发达国家经济发展应采取的措施》报告。在当时西方国家战后开始经济复兴的潮流中，这个报告充满了乐观主义的设想。

（2）20 世纪 70 年代：基本需求战略

20 世纪 70 年代以来，西方发展理论家对早期发展理论进行反思，经济增长论发生了危机。强调社会因素和政治因素的作用成为这一时期发展理论的主要特征之一，发展概念同增长概念被区分开来。许多经济学家已经认识到，国民生产总值作为衡量发展的指标有很多缺陷，它不能反映所生产的产品和劳务的类型，或从使用这些产品和劳务中所得到的福利情况；也没有反映由于环境污染、城市化和人口增长给社会造成的不利因素，许多不通过市场的产品和劳务没有计算进去。另外，国民生产总值也不能反映收入的分配，很多国家的国民生产总值增长很快，但是并没有取得普遍的社会进步。发展概念又具有了新的含义，概括地说，这一概念就是满足人的基本需要的概念。

（3）20 世纪 80 年代：以人为中心的综合发展论

到了 20 世纪 80 年代，西方学者提出了"综合发展观"。这一发展理论的核心，一是"综合"，反对单纯地追求经济增长；二是以"人为中心"，这是发展的价值基础。一些经济学家至今提出的那些主要战略只是在非常特定的环境下才有实用价值。而且，这种环境并不是单由经济因素来决定的。它们还决定于重大的政治、社会和行政因素。唯一可行的发展战略是有政治家在其中起作用的跨学科的社会科学研究的产物。

（4）走向可持续的发展

发展理论演化的另一条线路，是从当代人类生存困境和危机出发，围绕着人与自然关系展开的，主要是针对现代性世界观鼓吹的无限制地征服自然、掠夺自然的实践态度，其理论目的是实现人类的可持续生存和发展。

如今生态科学为我们提供了一种新的世界观和思维方式，给了机械论的世界观和主客二分的世界观以致命的一击。按照生态学的观点，人及其社会都是自然界整体中的一员，服从自然有机整体的规律。自然界系统整体（其中包括人和社会）的稳定平衡是人类社会和一切生物维持生存的基本前提。人类对自然界的改造，必须以不破坏自然生态系统的稳定平衡为底线。生态伦理学是建立在生态科学基础上的，生态学原理是生态伦理学的科学前提。推动生态伦理学形成和发展的现实前提，是因人类对自然界无限制地征服和掠夺破坏了生态系统的稳定平衡而引发的人类生存危机。生态伦理学原理是建立在对自然生物的同情、爱的情感以及道义和信仰基础上的。生态伦理学也具有不同的派别和各自的理论原则。①

1968 年 4 月，来自十多个国家的 30 多位科学家、社会学家、经济学家、工业企业家和计划工作者在罗马林西研究院讨论人类的困境问题。这次会议也产生了一个研究这个问题的组织——罗马俱乐部。1972 年 3 月，麻省理工学院教授丹尼斯·L. 梅多斯等人完成了罗马俱乐部的第一个报告——《增长的极限》。这个报告告诉人们：人口增长、粮食生产、投资增加以及环境污染和资源消耗都具有指数增长的性质，这就必然使我们的增长在今后一百年的某个时刻达到极限。地球的资源是有限的，地球消化污染的能力也是有限的，因而我们的增长也必然有一个限度。

《增长的极限》从人与自然的关系出发，第一次向传统的经济增长模式发起了颠覆性攻击。经济增长理论存在的根本问题是仅仅考虑社会内部而没有考虑社会外部的自然，没有考虑到人与自然的关系。在人与自然的关系上，《增长的极限》主张建立人与自然的相互协调关系，因为，"造成这些'极限危机'的根本原因是人和自然之间的差距，这种差距正在以惊人的速度扩大，要弥合这一差距，人类必须开始对自然采取一种新的态度，它必须建立在协调关

---

① 刘福森：《生态伦理学的困境与出路》，《北京师范大学学报》2003 年第 3 期。

系之上而不是征服关系之上"。《增长的极限》的论点可以归纳为以下几点：世界可以被看作一个系统；如果目前的趋势继续下去，这个系统到下个世纪中期的某个时候就会崩溃；为了防止崩溃，必须立即放慢经济增长，以求在一段相对短的时间内达到平衡；世界平衡只有通过全球战略才能实现。

现代工业文明的发展观是建立在达尔文的进化论基础上的发展观[①]，它的"时间之箭"的方向是向上的；而熵的世界观的"时间之箭"的方向却是向下的。它们确实是两种不同的世界观。现代工业文明的发展观的发展、进步、进化概念中没有考虑到熵的作用机制，因而它所倡导的发展是不可持续的。根据熵世界观，任何系统出现的秩序的增加，都是以环境秩序的进一步混乱为代价的，因此人类社会的任何发展，都必须考虑到自然资源供给的可能性和环境对污染的消化能力。我们的发展只有在资源供应和环境承受能力的限度以内才是可持续的发展。

可持续发展观是在现代性发展观已经走向穷途末路、环境危机以及资源危机等人类生存危机严重威胁着人类的可持续生存的历史条件下逐步形成的。1972 年 6 月，113 个国家和地区的 1200 名代表在斯德哥尔摩举行了有史以来第一次人类环境会议。会议通过了《人类环境宣言》、《人类环境行动计划》和《只有一个地球》的报告。这是人类迈向可持续发展的第一个里程碑。《人类环境宣言》指出，现在已达到历史上这样一个时刻：我们在决定世界各地行动的时候，必须更加谨慎地考虑它们对环境产生的后果。由于无知或不关心，我们给我们的生活和幸福所依靠的地球环境造成巨大的无法挽回的损害。为了这一代和将来的世世代代，保护和改善人类环境已经成为人类一个紧迫的目标。《人类环境行动计划》则对各国环境合作作出了具有可操作性的规定。《只有一个地球》指出："人类多种活动同地球能量系统的总规模比起来虽然微乎其

---

①　曲红梅：《一种反生态的价值观》，《南京林业大学学报》2008 年第 9 期。

微，然而却可以像稍稍移动跷跷板的支点那样使之失去平衡，造成致命的危害。"我们人类的生存依赖于地球生态体系的平衡。"最受污染危害的，最受退化威胁的，以及最易受不可恢复的损伤的，既不是哪一种资源，哪一种动物，也不是哪一类植物或生物群落，甚至也不是到处都有的空气或巨大的海洋。受到最大威胁的是人类本身。"

1987 年挪威首相布伦特兰夫人在她担任主席的联合国世界环境与发展委员会的报告《我们共同的未来》中，把"可持续发展"定义为"既满足当代人的需要，又不对后代人满足需要的能力构成危害"的发展，这一定义得到广泛的接受，并在 1992 年联合国环境与发展大会上取得共识。我国有的学者对这一定义做了如下补充：可持续发展是"不断提高人群生活质量和环境承载能力的、满足当代人需求又不损害子孙后代满足其需求能力的、满足一个地区或一个国家人群需求又不损害别的地区或国家人群满足其需求能力的发展"。因此，为了地球和人类的生存的安全，我们需要全球人类的合作，共同采取有效的行动，切实负担起共同的责任。

正如刘福森在其"一种反生态的价值观"中所述，西方工业社会形成的现代发展价值观最根本的危机是发展的价值危机。当代世界之所以会出现人的生存危机，其根本原因之一，也是发展价值的危机，因为，其所关注的只是如何发展（即发展的技术问题），而对于什么样的发展才是好的发展和为了什么而发展却漠不关心……"现代发展观的发展概念是不同于运动、变化的一个包含着价值预设的概念。运动和变化只是表示事物同原来具有某些不同，无论是位置上的不同运动还是性质上的不同变化，都不具有方向的意义：运动和变化既可以是向这个方向，也可以是向另一个方向。方向对它们来说是一个可逆的、外在的因素。而发展概念则不仅具有与原来不同运动和变化的意义，而且具有方向上的预设：它是向着某种确定方向的变化。这样，在发展概念中就内在地包含了一种价值预设：发展的唯一确定的方向就是具有积极价值含义的方向，即向上的、进步的、好的方向。向着这个方向的变化就是发展，与此相反方向上的变化就是反发展，即倒退。"[1]

工业社会的现代发展观预设的发展的价值目标就是生产力的高效率、经济的高增长、消费者的高消费。因此，只要是发展，就是合理的，忽视了不合理的发展给人类带来的危害，而"天然合理的"在逻辑上当然是无须评价的。西方现代发展观的"发展天然合理论"正是根源于缺乏外在的尺度。它以自身的内在尺度（发展概念的价值预设）作为评价发展本身的价值尺度，发展当然只是发展与人的关系，是手段与目的的关系。人是目的，发展仅仅是满足人的需要的手段。[2] 因此，它推崇的只是技术理性，如生产效率的高低、经济增长和消费的指标。这种评价只是对发展程度的评价，丝毫没有涉及作为手段的发展对人的意义问题。这种评价不仅不涉及发展的终极目的问题，而且还排斥和遮蔽了这个问题，它只与"如何发展得更快"相关而同发展的可持续性无关。为了保证生产效率的提高和经济、消费指标的增长，资源的挥霍浪费、生态环境的破坏都被看成为了发展而必须付出的合理代价。这种代价不仅被看成是必然的，而且被看成是必需的。这样，物的尺度就取代了人的尺度，本来是作为手段的经济增长本身却成了发展的目的。其结果，是发展背离了人，经济的增长背离了发展的可持续性。这种发展观对手段的迷恋和对价值的遗忘，直接导致了发展的价值危机。[3] 地球上所有的森林，在这种发展价值观的预设中，被砍伐是应当的。至于人的这种行为是否对人类的生存和可持续发展真的有好处，则完全在它的视野之外。

---

[1]　引自刘福森《发展合理性的追寻——发展伦理学的理论实质与价值》，《北京师范大学学报》2007 年第 1 期。

[2]　同上。

[3]　曲红梅、刘福森：《一种反生态的价值观》，《南京林业大学学报》（人文社会科学版）2008 年第 3 期。

　　自然资源是有限的。不仅非再生资源的存在是有限的，而且我们对可再生资源的开发也不能是无限度的，即我们的开发速度必须低于其自然生长速度，我们的"物质生产力"对自然界的开发和利用必须低于自然界的自然生产力。只有如此，我们的发展才能是可持续的。①

　　由此看来，本次调查所反映出来的我国国民生态价值观的转变，对于转变经济增长方式、改变生活方式和消费习惯，促进和谐社会进一步向前推进都有重要意义。

---

　　① 宋文新：《价值观的革命：可持续发展观的价值取向》，《吉林大学社会科学学报》1999 年第 2 期。

第三章 中国公民的生态价值理想与政策建议

一 被调查"中国公民"的群体特征

本次调查样本，即本研究报告中所述中国公民主要是以中国社会中低收入人群、学生和"党政机关、企事业单位一般工作人员"为主，其次是一线工人、农民及第三产业从事人员。他们的社会交往以职业范围为主线。本次调查样本具有明显的向上社会流动特征。对样本的父母职业调查表明，大部分样本的父亲职业为"农、林、牧、渔、水利业生产人员"，母亲则同样以"农、林、牧、渔、水利业生产人员"和"家庭妇女"为主。而比较子代与父辈，可以看出，调查样本的职业社会地位远高于父辈，其社交与朋友圈也高于父辈。从调查样本占半数的大学受教育程度来推测，其社会流动的主要渠道是升学——"读大学"。

二 中国公民的生态价值观的整体特点与价值理想

（一）中国公民生态价值观的整体特点

本次调查共分别从经济、政治、文化、日常生活、人类生存和发展5个维度测量当代人所持有的生态价值观。

1. 经济与生态

表 3—1—1　　　　　　经济与生态观问卷量表得分情况

	平均值	标准差
−1. 只要能赚钱，弄点污染不要紧	4.16	1.063
−2. 先把经济搞上去，再治理污染	4.11	1.103
−3. 要环保就赚不到钱	4.06	1.075
−4. 不是自己污染的环境，做环保不划算	4.11	1.100
+5. 买到被污染的产品，我一定要讨个说法	3.87	1.052
−6. 人只要有钱，就能活得很幸福	3.67	1.234
−7. 污染了环境，交点费用就心安理得了	4.19	1.051
+8. 无论为了什么，都不能污染环境	3.89	1.213
−9. 污染了环境能瞒就瞒	4.35	0.897
−10. 为了发展地方经济，对污染环境的企业可以睁一只眼闭一只眼	4.35	0.924

　　如前所述，经济生态观正处在剧烈转变当中（详细分析见第二章第一篇　经济与生态），虽然矛盾双方各有利弊，但总体上已普遍接受"环保"的观念。

　　第一，被试群体一致强烈反对污染了环境而不承担责任的行为，不管是以什么为借口。

　　第二，被试群体在"金钱与幸福的关系"上意见不统一，不认同"有钱就能活得幸福"，但对二者之间的关系也有很多不同的看法，比如部分被试群体认为在某些利益面前，环境保护可以让步。

　　第三，被试群体不赞同中国走西方"先发展，后治理"的老路。不认为赚钱与污染环境有直接的因果关系。

　　第四，被试群体认为治理污染、环境保护是每个公民的基本责任。

2. 政治与生态

表 3—2—1　　　　政治生态观量表均值与标准差得分状况

	平均值	标准差
－1. 社会发展与环境保护没有办法两全其美	3.69	1.160
－2. 环境保护工作，政府管得越多越好	2.94	1.297
＋3. 只要是环保的事，无论大小我都有权发表意见	4.04	0.923
＋4. 国家就应当禁止个人开煤矿	3.93	1.125
－5. 外国企业污染了环境应该加倍制裁	2.45	1.395
＋6. 外国人在中国做环保是好事	4.28	0.916
＋7. 社会地位越高的人越应该做环保	4.08	1.080
－8. 发展中国家可以对环境保护少负点责任	3.83	1.177
＋9. 环保指标在工作考核中可有可无	4.24	0.983
－10. 环境保护主要是靠环保组织来推动	3.67	1.267

　　我国的政治生态观同样处在转变的过程中，数据和访谈资料清楚地表明（详细分析见第二章第二篇　政治与生态），我国国民在生态权力观、生态责任观和生态利益观上抛弃了以往单纯依赖政府，忽视个人参与；重视行业群体利益、忽视公共利益；重视眼前，忽视长远可持续发展的生态价值观。而"政府主导，个人参与，全球视角的环保民主权利观"，跨阶层化、行业化、国别化的环保平等观和责任观念，重在长远利益、人类整体利益的环保利益观正在形成。当然无须回避，旧有的环保价值观念在当下仍然起着作用，这从一些问卷统计数据的标准差就能看出来，高标准差所反映出来的观点的不一致，在一些基本问题上"说不清"所占的高比例，相关分析中的高度不相关等，均说明在政治生态价值观的转变过程中，新旧价值观念之间的激烈碰撞，但同时清晰可见的是，新的政治价值观占在占据主导地位。

3. 文化与生态

表 3—3—1　　　"文化与环境"量表平均值与标准差

	平均值	标准差
－ F1. 把钱用在治理污染上，比用在环保宣传上更好	2.93	1.384
＋ F2. 如果我知道某个企业破坏了环境，我就不买他的产品	3.56	1.119
－ F3. 满街捡垃圾的"环保者"挺让人讨厌的	3.93	1.186
＋ F4. 浪费是件丢人的事	4.12	1.064
－ F5. 城市用的水和电多，农村用得少，这些差别很正常	3.03	1.314
＋ F6. 极端天气越来越多，说明自然环境在变坏	4.10	1.015
＋ F7. 就应该让污染环境的人倾家荡产	3.22	1.313
－ F8. "婚丧嫁娶"排场要紧，不用考虑环保问题	4.19	1.005
－ F9. 吃饭点菜要尽量多才有面子	4.24	0.988
－ F10. 人靠衣裳，马靠鞍，产品包装就应该尽量豪华	4.28	0.980

我国的文化生态观同经济、政治生态观一样，也处在一个转型阶段，数据分析和访谈资料均表明居民的面子观、身份化消费、符号化象征性生活方式仍然占有一定的地位，但新的环保的生活理念也正在逐渐被人们所接受。（详细分析见第二章第三篇 文化与生态）

第一，被试群体普遍不认同破坏生态、污染环境、浪费的行为，并认为污染环境应承担相应后果，甚至受到一定责罚，而近些年的气候异常也是人类破坏环境的代价。但是对于破坏生态环境行为的惩罚态度上，被试群体意见分散。

第二，被试群体基本反对为了人情面子而铺张浪费、破坏环境，赞同节俭环保的行为和生活方式。虽然被试群体认为环保宣传的作用不大，但意见存在较大分歧，并未完全否认环保宣传的作用。被试群体基本认为城乡发展不平衡和资源利用的失衡不是理所当然的，不具有直接关系，但对于这一观点分歧较大。

第三，被试群体一致不认同"人靠衣裳，马靠鞍，产品包装就应该尽量豪华"，以及"吃饭点菜要尽量多才有面子"，被试群体在消费观上趋向于环保、健康、理性的消费，这也印证了之前的分析。

4. 生活与生态

表 3—4—1　　生活与生态量表均值与标准差得分状况

	平均值	标准差
＋1. 买房子，要优先考虑城市的空气质量	4.12	0.967
－2. 住在有污染的大城市也比环境好的小城市和农村有面子	3.73	1.258
－3. 环境保护是政府的事，跟家庭没关系	4.21	1.084
＋4. 买车，我会选择小排量的车	3.91	1.094
－5. 就是路不远，我也要开车去	4.10	1.087
＋6. 买东西最好自己带购物袋	4.16	1.044
＋7. 有钱也不吃"鱼翅"	3.45	1.279
＋8. 买得起也不能穿"皮草"	3.35	1.283
＋9. 不缺水也要省着用	4.39	0.921
＋10. 就算电池对环境污染再小，也不应该随便乱扔	4.48	0.871

如前所述（详细分析见第二章第四篇），被试群体基本同意正赋值选项中问题的观点，其中有两道题答案最为集中，两道题答案观点则比较分散。对所有这些正赋值的分析中可以得出以下结论：

第一，被试群体一致强烈认为：买房应优先考虑空气质量；应该节约用水保护水资源，不管水资源是否充足；应该正确回收电池等可回收物品，不管其具有何种污染力。

第二，被试群体不认同有钱就可以吃穿无度，但对此也有很多不同的看法。

第三，被试群体普遍赞同在日常生活方面应该注意生态环保因素，尤其是居住环境的选择方面。但在购车和购物的选择上是否一定遵从"低碳环保"的原则，存在不同看法。

对量表中所有负赋值的分析中可以得出，被试群体对于三项负赋值选项基本给予了否定的回答，但意见都比较分散，可以得出以下结论：

第一，绝大多数人反对破坏环境的不负责任的做法，反对"环境是政府的事，跟家庭没有关系"的观点，从侧面反映了人们在生活中重视环境保护的态度。

第二，被试群体基本不认为住在有污染的大城市比住在环境好的小城市和农村有面子，但对此意见分歧较大，存在较多不同意见。

第三，从这两种态度可以看出，被试群体一致反对生活中污染和破坏环境的做法，具有一定的低碳环保意识，但在涉及"面子"等因素和特殊情况时，又认为环境污染和浪费奢侈可以视情况而定。

数据表明，人们在日常生活中普遍具备节约用水、回收电池的环保意识，并且一致看重居住的环境质量，这也成为人们购房时的重要考虑因素。

数据表明，被试群体在考虑到"面子"时，对于居住地（大城市、小城市、乡镇、农村）的选择又存在不同看法，生态环境因素并没有形成对"面子"因素的比较优势，传统的"面子"观念仍然具有较强的影响力；在是否可以"吃鱼翅"和"穿皮草"上意见不统一，不认同有钱就可以吃穿无度，但对此也有很多不同的看法。

此量表与基本信息的相关性表明，城市居民对此观点的反对比例高于乡镇居民、农村居民，不仅如此，城市居民对此观点的支持比例也低于乡镇和农村居民；而农村居民对此观点的反对比例低于乡镇和城市居民，相应的农村居民中对此观点持支持的人数比例也是最高的；对于此观点，乡镇居民无论是支持的人数比例还是反对的人数比例都居中。可以推断不同居住地居民对待环保主体态度上的不同看法与其对环境保护的直接感知有关，城市中环保的具体措施和行为已经开始落实到以家庭为单位，如垃圾分类等，城市居民通过媒体宣传和在实际政策执行中，普遍接受了家庭应当承担环保责任的观点。相反，由于我国的特殊社会发展情况，农村的环境保护进度远落后于城市，农村居民并没有城市居民的感受强烈。而乡镇居民对此观点的态度居中，也印证了推断。

　　未婚人群在更大程度上反对此观点，他们普遍认为环保不单单是政府的责任，而已婚群体对此的反对态度弱于未婚人群，离异和丧偶群体的反对态度依次降低，其中丧偶人群认为"跟家庭没有关系"的比例最高。反过来，未婚人群支持此观点的比例也是最低的，依次低于已婚人群、离异人群和丧偶人群。由此可以推断，不同婚姻状况意味着承担不同的家庭责任和对家庭责任的不同理解，进而影响了对"家庭是否是环保主体"的认识。具体而言，未婚人群的"单身"身份，意味着还没有真正组建家庭、承担家庭责任，普遍认为家庭也应该承担家庭责任；而一旦建立起家庭，承担起家庭的责任，就影响了对待此观点的态度；而离异和丧偶人群因为其婚姻状况更为特殊，其态度则更为复杂。

　　5. 生存与生态

表 3—5—1　　　生存与生态观量表均值与标准差得分状况

	平均值	标准差
−1. 把钱用在治理污染上，比用在环保宣传上更好	2.93	1.384
+2. 如果我知道某个企业破坏了环境，我就不买他的产品	3.56	1.119
−3. 满街捡垃圾的"环保者"挺让人讨厌的	3.93	1.186
+4. 浪费是件丢人的事	4.12	1.064
−5. 城市用的水和电多，农村用得少，这些差别很正常	3.03	1.314
+6. 极端天气越来越多，说明自然环境在变坏	4.10	1.015

续表

	平均值	标准差
+7. 就应该让污染环境的人倾家荡产	3.22	1.313
−8. "婚丧嫁娶"排场要紧，不用考虑环保问题	4.19	1.005
−9. 吃饭点菜要尽量多才有面子	4.24	0.988
−10. 人靠衣裳，马靠鞍，产品包装就应该尽量豪华	4.28	0.980

　　数据和访谈资料清楚地表明（详细分析见第二章第五编 生存与生态），被试群体更看重治理污染的实际行动，而在对待环保宣传的作用上意见多元，而对于城市和农村在资源消耗问题上意见分散，尤其对于污染环境的个人惩罚力度上态度并不统一，污染环境的行为并没有触及人们"是非"观念的底线。被试群体一致不认同"人靠衣裳，马靠鞍，产品包装就应该尽量豪华"，以及"吃饭点菜要尽量多才有面子"，被试群体在消费观上趋向于环保、健康、理性的消费，这也印证了之前的分析。

　　通过调查发现，大多数民众反对将自然事物都看作人的消费对象的观点，主张一种适度的、健康与环保并行的消费观。从观念层面上，传统的炫耀式消费、奢侈、铺张浪费"讲面子"的消费遭到大部分人们的鄙夷，但就实际的环保行为如"捡垃圾"民众的态度比较分散，而我国传统和现代的"面子观"和"是非观"中，对于"浪费"的行为仍然没有形成较强有力的制约机制，尤其是在某些特定场合，如"婚丧嫁娶"等中国人人生重要场景中，仍然是默许"浪费"和"讲排场"。

　　"生态公平"诉求和"可持续发展观"冲击了"经济利益至上"的观念。体现在对待城乡经济发展二元不平衡和生态资源利用的态度上，被试群体不再因为经济利益一味包容城市的高资源消耗，在此观念上的不一致，也表明生态公平观念同样要求地域的公平。

　　"生态问责"和"生态维权"意识正影响着公民在社会生活和

市场选择中的判断。被试群体一致认为企业应当履行环保责任，其中，非农户口的居民比农村户口的居民更加关注企业生态环保责任。

赞同生态环境保护是每个公民和社会主体的责任，也应当承担生态环境破坏的代价。被试群体基本赞同极端天气是环境破坏的结果，而污染环境的主体也应当承担相应的代价，甚至给予一定惩罚。但是对于生态环保方面的惩罚力度存在不同看法。

承认环保宣传的作用，但相比较而言更为注重环保治理的实际工作，人们对于环保宣传作用的评价存在分歧。

主张"适度的、健康与环保并行"的消费观。传统的"节俭"和现代的"低碳环保"同时作用于人们的消费观念，被试群体一致反对铺张浪费的行为，不赞同为了"人情与面子"而炫耀式地奢侈消费。但对于具体"环保行为"的理解以及对于重要场合的消费形式仍然存在不同意见。

6. 发展与生态

人类在长期的生存实践中，对自身发展与生态环境之间关系的理解也在不断变化、加深，遵循自然规律与自然良性互动成为当下的主要生存观，归纳为以下几点：

第一，对自然力量与人类能力的理性认识，对生态环境与人类生存共存关系的积极思考。被试群体在肯定生态环境运行规律和力量的同时，也认识到并相信自身利用自然、改造自然的能力。尽管人类自身违逆自然规律的行为终将受到惩罚，但随着科学技术的发展，人类改造自然的范围和深度逐渐向适度发展，其相应的自信也会逐渐增强。

第二，理想生态价值观的现实欲求。被试群体渴望地球资源的共有以及人与动物地位的平等，怀揣着自然环境同人类和谐发展的美好愿景。

第三，"人类主义中心"在被试群体的意识中仍有相当重要的地位。面对与自身发展密切相关并需要个人承担责任的问题时，仍会将人类需求放在首位，环境保护在人类现实利益面前的重要性降低了。

（二）中国公民的生态价值理想

综合上述五个方面的特点分析，中国公民目前所具备的生态价值观整体特点以及由此憧憬的价值理想可概括为以下几点。

第一，强调"环境保护是每个人应该承担的社会责任"，渴望一个对环境问题高度负责任的政府希望企业能够兼顾生态效益与经济效益是当前国人的价值理想之一。

调查显示，被调查者最为一致的观点集中在承担环保责任方面，他们最无法容忍隐瞒污染环境的行为，尤其无法容忍"为了发展地方经济而对污染环境的行为睁一只眼闭一只眼"的不负责任的行为，他们不认为单纯依靠政府能够预防、治理环境污染问题，而一致认为"环保的事无论大小我都有发言权"，外国人对居住国同样负有环保责任。他们对不负责任的行为一致持反对态度。由此可以推断，当前国人的生态价值理想之一，是建设一个对环境问题负责任的社会，其中政府、企业、个人和留居的外国人均对环境负有责任。

第二，认同"节水、节电的低碳环保生活方式"，一个健康洁净的环境和低碳环保的生活方式是当前国人的价值理想之二。

调查显示，被调查者最为一致的观点集中在低碳生活方面，他们最"无法容忍随意浪费水电、随意丢弃废旧电池的行为"，尤其不赞同"产品的过度包装和浪费饭菜的行为"。他们一致认为，"空气的好坏是选择生活地点的重要参考标准"。可以推断，当前国人的价值理想，是渴望洁净的生存环境，主张低碳的生活方式。

第三，主张"遵循自然规律，反对走西方先污染后治理的老路"，保护人类的生存环境，探索一条适合中国的可持续发展道路是当前国人的价值理想之三。

调查显示，被调查者最为一致的观点集中在遵循自然规律方面，他们强烈反对中国走西方工业化"先发展，后治理"的老路，不赞同"自然为工业化的资源、一味攫取的做法"。可以推断，当前国人的价值理想之三，是保护人类的生存环境，反对不可持续的增长与发展方式。

第四，在一些问题上存在着非常大的差异，认识不统一且存在误区。

首先在"环境与人的关系"问题上，人们的意见不统一，相当多的人秉持的是主客二分、以主驭客的认识论态度，更没有完全走出"人类中心主义"的樊篱，这是制约目前环保工作的一个主要障碍。

其次是"金钱与幸福关系"方面，一部分人仍然持有"拜金"态度，认为幸福主要靠金钱获得，甚至环保和污染问题也可以用金钱来"权衡"或"摆平"。

另外，在"是否应该对污染行为严惩"上观点不一致。部分人仍然认为"污染环境的行为不能一概禁止，一概严惩，而是要看其环境条件和危害程度"。我们认为，这属于对污染认识的短浅之见，是导致目前以发展需要为借口致使污染环境的行为屡禁不止的主观原因。

同时，在如何治理污染方面也存在很大的分歧。一部分人认为宣传教育更重要，另一部分人认为应该建立考核制度，我们认为两者并不矛盾，应当互补，并且前者应当落实为后者。

最后，在讲面子、讲排场与低碳生活方面存在矛盾。如一部分人认为花高价吃鱼翅、穿皮草，和人类消费其他动物一样，都是人的"权利"，不应该受到指责。我们认为，这一观点反映了传统的人类中心主义价值观，但其实从这类消费大都不是自费，而是公款消费或某些人的"公关"行为来看，与我们传统文化中讲"排场"或显示"尊重"的意识既有联系，也有区别。

综上所述，我国当前的生态价值观正处在一个传统与现代的胶着时期，从生存观、发展观、生活观、文化观到政治观与经济观，新的低碳环保观念已经禄步建立，而旧有的观念却仍未退出历史舞台。但是，从总体上看，以追求公平、平等、多元，强调社会责任、公共道德，遵循自然规律为特征的新的生态价值观已经逐渐占居主位，正在成为我国的主流生态价值观。

三　政策建议与反思

基于以上研究，提出以下政策建议。

第一，建立政府负责制、开展生态教育宣传与健全社会舆论监督机制。

就当前而言，明确生态（环境）政府负责制非常必要，这包括切实加强环保部门的权力，地方主要领导的环保责任，以及重大自然环境破坏的问责制度，环境和生态治理的奖励制度，有关部门的定期检查和行政处理。

以国内外特别是国内生态破坏和失衡的反面事例，以及生态保护和治理的正面事件为例，开展广泛的、制度化的生态教育和宣传，并使之进入学校教育之中。同时加强社会的舆论监督和批评。

第二，加强制度创新和技术创新，并为此建立相应的法律法规。

生态的保护和治理，制度创新和技术创新是关键。因此，我国应制定生态保护和治理的法律法规，开展"应对自然环境和气候变化法"立法可行性研究。在相关法规修订中，增加应对自然环境和气候变化的有关条款。如可以在规划、项目批准、战略环评的中加入环境和气候影响评价的相关规定，逐步建立应对环境和气候变化的法规体系。应加强管理能力建设，提高各级政府、企业的环境意识和法律自觉。探索建立有利于应对环境和气候变化的长效机制与政策措施，从政府、企业和公众参与等方面推动低碳转型。借鉴国外发展低碳经济的经验和教训，在条件相对成熟时创建碳市场，研究制定价格机制；制定财税激励政策，综合考虑能源、环境和碳排放的税种和税率，引导企业和社会行为，形成低碳发展的长效机制。

第三，建设低碳城市和基础设施，为我国未来的低碳发展创造条件。

将低碳理念引入设计规范，合理规划城市功能区布局。在建筑物的建设中，推广利用太阳能，尽可能利用自然通风采光，选用节能型取暖和制冷系统；选用保温材料，倡导适宜装饰，杜绝毛坯房；在家庭推广使用节能灯和节能电器，在不影响生活质量的同时有效降低日常生活中的碳排放量。我国一些地方特别是有些城市发展低碳经济的热情很高，应该出台相关的指导意见，规范低碳经济的内涵、模式、发展方向和评价体系等。

重视低碳交通的发展方向。加强多种运输方式的衔接，建设形成机动车、自行车与行人和谐的道路体系；建设现代物流信息系统，减少运输工具空驶率；加强智能管理系统建设，实行现代化、智能化、科学化管理；研发混合燃料汽车、电动汽车等新能源汽车，使用柴油、氢燃料等清洁能源，减轻交通运输对环境的压力。

第四，加强国际合作，形成低碳研发技术体系。

走低碳发展道路，技术创新是核心。应采取综合措施，为企业发展低碳经济创造政策和市场环境。应研究提出我国低碳技术发展的路线图，促进生产和消费领域高能效、低排放技术的研发和推广，逐步建立起节能和能效、洁净煤和清洁能源、可再生能源和新能源以及森林碳汇等多元化的低碳技术体系，为低碳转型和增长方式转变提供强有力的技术支撑。应进一步加强国际合作，通过气候变化的新国际合作机制，引进、消化、吸收先进技术，通过参与制定行业能效与碳强度标准、标杆，开展自愿或强制性标杆管理，使我国重点行业、重点领域的低碳技术、设备和产品达到国际先进乃至领先水平。

第五，提高认识，政策引导，鼓励利益相关方参与。

低碳发展不但是政府主管部门或企业关注的事情，还需要各利益相关方乃至全社会的广泛参与。由于气候变化涉及面广、影响大，因此，应对气候变化首先需要各政府部门的参与，同时需要不同领域不同学科专家共同参与，加强研究、集思广益、发挥集体智慧。同时，应加强相关的舆论宣传、政策引导，鼓励各种非政府组织的参与、研发和治理。

　　总之，发展低碳经济，是我们转变发展观念、创新发展模式、破解发展难题、提高发展质量的重要途径。应通过产业结构以及能源结构的调整、科学技术的创新、消费方式的改变和优化、政策法规的完善等措施，大力发展循环经济和低碳经济，努力建设资源节约型、环境友好型、低碳导向型社会，实现我国经济社会又好又快发展。

附录

附录1：生态价值观问卷

问卷编号□□□□

生态观调查问卷

尊敬的朋友：

您好！北京师范大学哲学与社会学学院正在进行一项关于"中国公民生态观"的抽样调查，您的看法和意见对本次调查十分重要，我们调查的数据将由计算机统一匿名处理，所以请您放心如实填写。

非常感谢您的参与！

"中国公民生态观"课题组

访问员姓名：_____

访问时间：_____年___月___日

访问地点：_____省（自治区、直辖市）_____市（州、自治州、区）_____区（县、自治县、县级市）_____街道（乡、镇）_____社区（村）

被访者性别：1. 男　　2. 女

被访者类别：1. 城镇居民　2. 农村居民　3. 进城务工人员

被访者年龄段：1. 15—34 岁　2. 35—55 岁　3. 55 岁以上

被访者产业类别：1. 第一产业　2. 第二产业　3. 第三产业　4. 其他

被访者职称或职务或工种：

被访者态度：1. 积极配合　2. 配合　3. 消极配合

★问卷中所列问题，除特别说明外，一般只选一个答案，请在所选答案的序号上打"√"。问卷右边框的空格是用于统计的，请不要将答案填在上面。谢谢您的合作！

A. 基本资料	
1. 性别： 1. 男 2. 女	A01 ＿＿＿
2. 年龄：＿＿＿＿＿周岁	A02 ＿＿＿
3. 目前居住地：	A03 ＿＿＿
1. 城市 2. 乡镇 3. 农村	
4. 目前户口所在地：＿＿＿＿＿省（自治区/直辖市）	A04—1 ＿＿
户口性质：＿＿＿＿	A04—2 ＿＿
1. 农村户口 2. 非农户口	
5. 您的受教育水平：	A05 ＿＿＿
1. 小学以下 2. 小学 3. 初中	
4. 高中（含中专） 5. 大学（含大专）	
6. 研究生（含博士）	
6. 您的职业：＿＿＿＿＿（离退休人员请在原职业上打"√"）	A06 ＿＿＿
1. 国家机关、党群组织、企事业单位负责人	
2. 党政机关、企事业单位一般工作人员	
3. 企事业单位专业技术人员	
4. 商业、服务业人员	
5. 农、林、牧、渔、水利业生产人员	
6. 生产、运输设备操作人员及相关人员	
7. 暂无固定职业、失业、待业人员	
8. 学生	
9. 其他（请注明）	
7. 您的政治面貌：	A07 ＿＿＿
1. 中国共产党党员 2. 共青团员 3. 民主党派	
4. 无党派 5. 群众	

8. 您的宗教信仰：	A08 ____
1. 道教　　2. 佛教　3. 伊斯兰教　4. 天主教	
5. 基督教　6. 民间信仰　7. 没有宗教信仰	
9. 您的身体健康状况怎么样？	A09 ____
1. 很好　　　　　2. 比较好　　　　3. 一般	
4. 不太好　　　　5. 很不好	
10. 您目前的婚姻状况：	A10 ____
1. 未婚　2. 已婚　　3. 离异　4. 丧偶	
11. 您父亲的职业：（已故或离退休请在原职业上打"√"）	A11 ____
1. 国家机关、党群组织、企事业单位负责人	
2. 党政机关、企事业单位一般工作人员	
3. 企事业单位专业技术人员	
4. 商业、服务业人员	
5. 农、林、牧、渔、水利业生产人员	
6. 生产、运输设备操作人员及相关人员	
7. 无固定职业、失业人员	
8. 其他（请注明）	
12. 您母亲的职业：（已故或离退休请在原职业上打"√"）	A12 ____
1. 国家机关、党群组织、企事业单位负责人	
2. 党政机关、企事业单位一般工作人员	
3. 企事业单位专业技术人员	
4. 商业、服务业人员	
5. 农、林、牧、渔、水利业生产人员	
6. 生产、运输设备操作人员及相关人员	
7. 无固定职业、失业人员	
8. 家庭主妇	
9. 其他（请注明）	

13. 和您关系最好的三个朋友分别从事下列哪类职业（请按亲密程度排序，并将答案的序号填在下面的横线上）

　　　第一个朋友_____　　　第二个朋友_____

　　　第三个朋友_____

　　　1. 国家机关、党群组织、企事业单位负责人

　　　2. 党政机关、企事业单位一般工作人员

　　　3. 企事业单位专业技术人员

　　　4. 商业、服务业人员

　　　5. 农、林、牧、渔、水利业生产人员

　　　6. 生产、运输设备操作人员及相关人员

　　　7. 暂无固定职业、失业、待业人员

　　　8. 学生　　　9. 其他（请注明）____

A13 ____

14. 去年您个人一年总收入大约是：

　　　1. 3 千元以下　　　　2. 3 千—8 千元

　　　3. 8 千—2 万元　　　　4. 2 万—12 万元

　　　5. 12 万元以上

A14 ____

15. 去年您全家一年总收入大约是：

　　　1. 1 万元以下　　　　2. 1 万—3 万元

　　　3. 3 万—7 万元　　　　4. 7 万—20 万元

　　　5. 20 万—50 万元　　　6. 50 万元以上

A15 ____

16. 您家现在共同生活的人口有____位（包括您自己）

A16—1 __

17. 您平时最主要从哪里了解新鲜事？（可多选）

　　　1. 互联网　　　2. 电视　　　3. 收音机

　　　4. 报纸杂志　　　5. 图书　　　6. 亲戚朋友

　　　7. 单位同事　　　8. 其他（请注明）

A17—1 __
A17—2 __
A17—3 __
A17—4 __
A17—5 __
A17—6 __
A17—7 __
A17—8 __

B. 下面是关于"生活与环境"关系的一些说法，您是否同意这些说法 ？ 请在与您观点一致的选项内打"√"。

	非常赞同	比较赞同	说不清	不太赞同	不赞同	
1. 买房子，要优先考虑城市的空气质量	5	4	3	2	1	B01 ＿＿＿
2. 住在有污染的大城市也比环境好的小城市和农村有面子	1	2	3	4	5	B02 ＿＿＿
3. 环境保护是政府的事，跟家庭没关系	1	2	3	4	5	B03 ＿＿＿
4. 买车，我会选择小排量的车	5	4	3	2	1	B04 ＿＿＿
5. 就是路不远，我也要开车去	1	2	3	4	5	B05 ＿＿＿
6. 买东西最好自己带购物袋	5	4	3	2	1	B06 ＿＿＿
7. 有钱也不吃"鱼翅"	5	4	3	2	1	B07 ＿＿＿
8. 买得起也不能穿"皮草"	5	4	3	2	1	B08 ＿＿＿
9. 不缺水也要省着用	5	4	3	2	1	B09 ＿＿＿
10. 就算电池对环境污染再小，也不应该随便乱扔	5	4	3	2	1	B10 ＿＿＿

C. 下面是关于"经济与环境"关系的一些说法，您是否同意这些说法？请在与您观点一致的选项内打"√"。

	非常赞同	比较赞同	说不清	不太赞同	不赞同	
1. 只要能赚钱，弄点污染不要紧	1	2	3	4	5	C01 ____
2. 先把经济搞上去，再治理污染	1	2	3	4	5	C02 ____
3. 要环保就赚不到钱	1	2	3	4	5	C03 ____
4. 不是自己污染的环境，做环保不划算	1	2	3	4	5	C04 ____
5. 买到被污染的产品，我一定要讨个说法	5	4	3	2	1	C05 ____
6. 人只要有钱，就能活得很幸福	1	2	3	4	5	C06 ____
7. 污染了环境，交点费用就心安理得了	1	2	3	4	5	C07 ____
8. 无论为了什么，都不能污染环境	5	4	3	2	1	C08 ____
9. 污染了环境能瞒就瞒	1	2	3	4	5	C09 ____
10. 为了发展地方经济，对污染环境的企业可以睁一只眼闭一只眼	1	2	3	4	5	C10 ____

D. 下面是关于"生存与环境"关系的一些说法，您是否同意这些说法？请在与您观点一致的选项内打"√"。

	非常赞同	比较赞同	说不清	不太赞同	不赞同	
1. 谁也斗不过老天爷	5	4	3	2	1	D01 ＿＿＿
2. 人才是地球的主人	1	2	3	4	5	D02 ＿＿＿
3. 地球的资源是全世界各国共有的	5	4	3	2	1	D03 ＿＿＿
4. 在自然界，动物和人应该是平等的	5	4	3	2	1	D04 ＿＿＿
5. 地球的资源总有一天会用完	5	4	3	2	1	D05 ＿＿＿
6. 泥石流是三分天灾，七分人祸	5	4	3	2	1	D06 ＿＿＿
7. 少种点粮食，多种树	5	4	3	2	1	D07 ＿＿＿
8. 气候不正常是人自己惹的祸	5	4	3	2	1	D08 ＿＿＿
9. 应该设立更多的自然保护区	5	4	3	2	1	D09 ＿＿＿
10. 山清水秀，才能人杰地灵	5	4	3	2	1	D10 ＿＿＿

E. 下面是关于"政治与环境"方面的一些说法，您是否同意这些说法？请在与您观点一致的选项内打"√"。

	非常赞同	比较赞同	说不清	不太赞同	不赞同	
1. 社会发展与环境保护没有办法两全其美	1	2	3	4	5	E01 ＿＿＿
2. 环境保护工作，政府管得越多越好	1	2	3	4	5	E02 ＿＿＿
3. 只要是环保的事，无论大小我都有权发表意见	5	4	3	2	1	E03 ＿＿＿
4. 国家就应当禁止个人开煤矿	5	4	3	2	1	E04 ＿＿＿
5. 外国企业污染了环境应该加倍制裁	1	2	3	4	5	E05 ＿＿＿
6. 外国人在中国做环保是好事	5	4	3	2	1	E06 ＿＿＿
7. 社会地位越高的人越应该做环保	5	4	3	2	1	E07 ＿＿＿
8. 发展中国家可以对环境保护少负点责任	1	2	3	4	5	E08 ＿＿＿
9. 环保指标在工作考核中可有可无	1	2	3	4	5	E09 ＿＿＿
10. 环境保护主要是靠环保组织来推动	1	2	3	4	5	E10 ＿＿＿

F. 下面是关于"文化与环境"关系的一些说法，您是否同意这些说法？请在与您观点一致的选项内打"√"。

	非常赞同	比较赞同	说不清	不太赞同	不赞同	
1. 把钱用在治理污染上，比用在环保宣传上更好	1	2	3	4	5	F01 ＿＿＿
2. 如果我知道某个企业破坏了环境，我就不买他的产品	5	4	3	2	1	F02 ＿＿＿
3. 满街捡垃圾的"环保者"挺让人讨厌的	1	2	3	4	5	F03 ＿＿＿
4. 浪费是件丢人的事	5	4	3	2	1	F04 ＿＿＿
5. 城市用的水和电多，农村用得少，这些差别很正常	1	2	3	4	5	F05 ＿＿＿
6. 极端天气越来越多，说明自然环境在变坏	5	4	3	2	1	F06 ＿＿＿
7. 就应该让污染环境的人倾家荡产	5	4	3	2	1	F07 ＿＿＿
8. "婚丧嫁娶"排场要紧，不用考虑环保问题	1	2	3	4	5	F08 ＿＿＿
9. 吃饭点菜要尽量多才有面子	1	2	3	4	5	F09 ＿＿＿
10. 人靠衣裳，马靠鞍，产品包装就应该尽量豪华	1	2	3	4	5	F10 ＿＿＿

G. 您同意下列哪些说法？请在您同意的选项上打"√"（最多可选三项）。	
1. 在"人类形成"的过程中：	
A. 自然帮助了人类	G01—1 ＿
B. 人类利用了自然	G01—2 ＿
C. 人类战胜了自然	G01—3 ＿
D. 人类改造自然，创造了生存条件	G01—4 ＿
2. 在"人类社会发展"的过程中：	
A. 只能牺牲自然，优先发展人类社会	G02—1 ＿
B. 自然与人类社会应该共同发展	G02—2 ＿
C. 人类社会发展要遵循自然发展规律	G02—3 ＿
D. 保护自然比人类社会的发展更重要	G02—4 ＿
E. 保护自然是人类生存与发展的前提条件	G02—5 ＿
3. 对于目前开展的环境保护工作：	
A. 目前的环保工作大多是在做表面文章	G03—1 ＿
B. 环境保护大家参与才有效	G03—2 ＿
C. 树立环保意识最重要	G03—3 ＿
D. 应该把保护环境放到工作的首位	G03—4 ＿
E. 环境保护从小孩子抓起	G03—5 ＿

访问员签名：

审查员签名：

附录2：生态价值观访谈提纲

公民：

1. 您知道关于人类起源的故事吗（洪水的故事、从猿到人的说法）？您认为人在形成的过程中与自然是什么关系？

2. 今年的气候十分不正常，您认为会是什么原因？它和人类在地球上的开发活动有关吗？

3. 您同意"人类是地球主人"的说法吗？为什么？

4. 您同意"人类有权利开采地球上的任何资源"的说法吗？

5. 谈谈您对大型水利工程的看法？

6. 您做过哪些环保工作？参加过哪些环保活动？

企业：

1. 谈谈您（工作）的企业概况、您从事的主要工作，特别是涉及环境保护相关的工作？

2. "只要能赚钱，弄点污染不要紧"是一种说法，您同意这个说法吗？为什么？

3. "企业要发展，就没办法不污染环境"，是一种看法，您同意这种看法吗？为什么？

4. "先污染，再治理"是一种发展模式，您对这种模式有什么看法？

5. "自己企业不污染环境，我做环保不划算"的说法您是否同意？为什么？

6. 您听说过我们已经步入"后京都时代"、"后哥本哈根时代"的说法吗？您对这个说法有什么看法？

7. 您对"十二五"期间，我国在"推进环境经营，提倡低碳经济，发展低碳技术"方面的产业结构调整有什么看法？如果您的企业面临"低碳环保产业调整"，您会接受吗？在什么前提下接受，多大经济损失程度是您的接受底线？

8. 您认为今年的气候是否异常？为什么？根据您的知识，您认为会是什么原因？

9. 怒江建水电站曾经引起了很多争议，谈谈您对目前建水电站的看法。